Das bietet Ihnen die CD-ROM

 Anleitungen

18 Anleitungen zeigen Ihnen, wie Sie Schritt für Schritt in konkreten betrieblichen Situationen vorgehen:

- Auswahl von neuen Mitarbeitern
- Mitarbeiterbeurteilung
- Zielvereinbarungen
- Teamführung

 Checklisten

Über 60 Checklisten unterstützen Sie in Ihrer täglichen Führungsarbeit, damit Sie alles Wichtige im Blick haben:

- Bewerberbeurteilung
- Erfolgskontrolle von Gesprächen
- Verhandlungsvorbereitung
- Mitarbeiterfeedback

 Vorlagen

Nutzen Sie diese praxiserprobten Arbeitsmittel und konzentrieren Sie sich auf die wichtigen Fragen:

- Einladung zu einem Meeting
- Ergebnisprotokoll
- Maßnahmenplan

 Gesprächsleitfäden

Mit intelligenten Leitfäden führen Sie sich und Ihre Gesprächspartner sicher durch alle Gespräche:

- Bewerbergespräche
- Zielvereinbarungsgespräche
- Beurteilungsgespräche

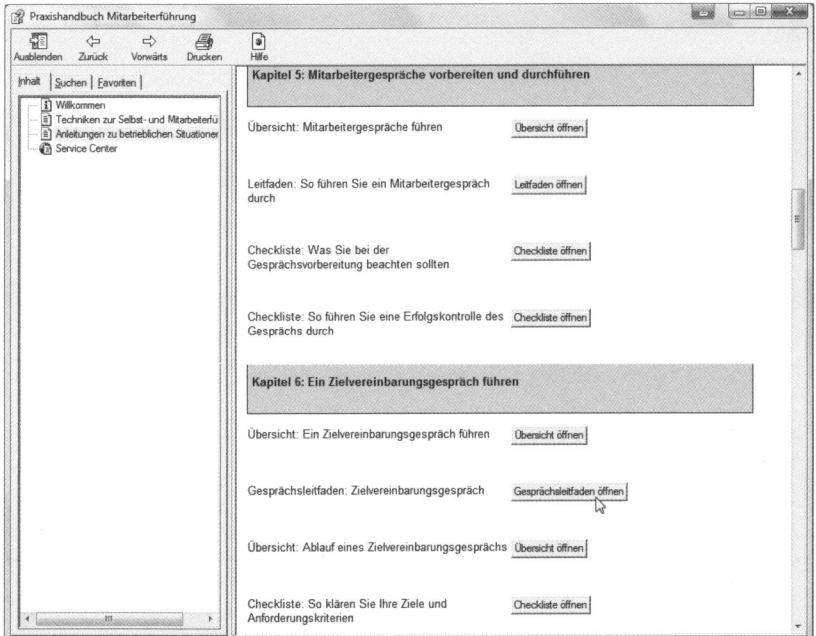

Screenshot der CD-ROM: Sie sehen die Inhalte zu Kapitel 5 und 6. Übernehmen Sie die Arbeitsmittel einfach per Mausklick in Ihre Textverarbeitung.

Bibliographische Information Der Deutschen Bibliothek

Die Deutsche Bibliothek verzeichnet diese Publikation in der Deutschen National-
bibliographie; detaillierte bibliographische Daten sind im Internet über http://dnb.ddb.de
abrufbar.

ISBN: 978-3-448-09075-8   Bestell-Nr. 04050-0002

© 2009, Rudolf Haufe Verlag GmbH & Co. KG
Niederlassung München
Redaktionsanschrift: Postfach, 82142 Planegg/München
Hausanschrift: Fraunhoferstraße 5, 82152 Planegg/München
Telefon: (089) 895 17-0
Telefax: (089) 895 17-290
www.haufe.de
online@haufe.de
Produktmanagement: Steffen Kurth

Redaktion und Desktop-Publishing: Peter Böke, Ulrich Leinz, Berlin
Umschlag: Kienle Visuelle Kommunikation, Stuttgart
Druck: Bosch-Druck GmbH, 84030 Ergolding

Praxishandbuch Mitarbeiterführung

Michael Lorenz
Uta Rohrschneider

Haufe Mediengruppe
Freiburg · Berlin · München

Inhaltsverzeichnis

Mitarbeiter steuern, beurteilen und fördern

Mitarbeiterführung im Team

Schwierige Mitarbeitergespräche führen

Notfallkoffer

Stichwortverzeichnis   252

Wie Sie mit diesem Buch arbeiten

Das Praxishandbuch Mitarbeiterführung bietet Ihnen für alle wichtigen Führungsaufgaben die richtigen Informationen, Anleitungen und Arbeitsmittel.

Teil 1: Grundlagen

Wir stellen Ihnen die Grundlagen einer erfolgreichen Mitarbeiterführung vor, geben Ihnen einen Überblick über die Führungsstile und zeigen Ihnen in welcher Situation welcher Führungsstil möglich und sinnvoll ist.

Teil 2: Ihr Handwerkszeug

Die besten Techniken für die Selbst- und Mitarbeiterführung zum Nachschlagen, Ausprobieren, Auffrischen: Wir stellen Ihnen alle wichtigen Führungstechniken vor und zeigen Ihnen, wie Sie sie mit Gewinn einsetzen. Sie finden hier ebenso Techniken zur Gesprächsführung wie zum effizienten Delegieren, zur Teamführung und Mitarbeitermotivation und vieles andere für eine effiziente Führungstätigkeit.

Teil 3: Führungsaufgaben

Übersichten, Anleitungen, Arbeitsmittel: Dieser Teil bietet Ihnen zu 18 ganz konkreten Führungsaufgaben Unterstützung und zeigt Ihnen, worauf Sie besonders achten sollten z. B. bei der Teamführung, der Mitarbeiterauswahl, der Zielvereinbarung oder dem Konfliktmanagement. Die Arbeitsmittel aus jedem einzelnen Kapitel stehen Ihnen auch auf der CD-ROM zur Verfügung.

Notfallkoffer

Überblick verschaffen in besonders schwierigen Situationen: Der Notfallkoffer hilft Ihnen dabei. Welche der vorgeschlagenen Maßnahmen Sie dann ergreifen, das können nur Sie vor Ort entscheiden.

Dank

Ganz besonders möchten wir uns bei Mona Pielorz für ihr Engagement bei der Koordination und Überarbeitung der Texte bedanken.

Wir wünschen Ihnen viel Erfolg und Spaß an Ihrer Arbeit

Uta Rohrschneider und *Michael Lorenz*

Teil 1

Grundlagen erfolgreicher Führungstätigkeit

Grundlagen der Mitarbeiterführung

Die Rolle und das Verständnis von Führungskräften bzw. Führung unterscheiden sich von Person zu Person, von Unternehmen zu Unternehmen und sind ebenso von der wirtschaftlichen Lage abhängig. Mal ist der Blick auf die Mitarbeiter gefordert, dann wieder Härte und Durchsetzungsvermögen, manchmal soll in Teams zusammengearbeitet werden und manchmal soll man der große Einzelkämpfer sein. Dabei sollen wir stets überzeugen und sämtliche an uns herangetragenen Aufgaben und Projekte bearbeiten und erfolgreich umsetzen.

Vielfältige Anforderungen an die Führungskraft

Aus Unternehmenssicht besteht die Hauptaufgabe von Führungskräften darin, das Unternehmen weiterzuentwickeln, nach vorne zu bringen und die Mitarbeiter so zu fördern, dass schwarze Zahlen geschrieben werden und der Name des Unternehmens positiv nach außen getragen wird.

Der persönliche Wunsch der meisten Führungskräfte besteht nicht nur darin, Karriere zu machen, sondern auch von dem Unternehmen selbst gefördert zu werden, das Einfamilienhaus zu finanzieren, sich weiterzuentwickeln, die Zukunft zu sichern und die Familie glücklich zu machen.

Aus Mitarbeitersicht sind wir als Führungskraft nicht nur ihre Vorgesetzten, sondern auch ihre direkten Ansprechpartner für Rückfragen, Mitarbeitergespräche oder berufliche Problematiken. Unser Verhalten sollte vorbildhaft, motivierend und wertschätzend sein, wobei Aufgaben überzeugend, eindeutig kommuniziert und kontrolliert werden müssen. Dazu kommen noch die Vorstellungen und Wünsche der Lebens- und Ehepartner bzw. der Familie.

Als Führungskraft müssen wir uns mit persönlichen, wirtschaftlichen, beruflichen und sozialen Vorstellungen und Wünschen auseinandersetzen. Dabei müssen wir entscheiden, wie und vor allem in welcher Art und mit welchem Erfolg wir die Gewichtung dieser Themen vornehmen, wenn wir allen in einem gewissen Maß gerecht werden wollen. Daraus resultieren die Fragen: „Was ist Führung" und „Wie führe ich erfolgreich"?

Was ist Führung?

Bei dem Versuch, den Begriff „Führung" zu bestimmen, stoßen Sie auf eine Vielzahl von Definitionen. Was letztlich den Kern von Führung ausmacht, ist die soziale Beziehungsform, die zwischen zwei oder mehreren Lebewesen stattfindet.

Ein grundsätzlicher Unterschied zwischen Führung und anderen sozialen Beziehungen besteht darin, dass z. B. in Freundschaften oder Partnerschaften beide Partner eine hierarchische Gleichheit vermuten, also den gleichen Rang einnehmen. Ein großer Teil der als angenehm empfundenen sozialen Beziehungen ist durch eben diese Gleichheitsvermutung gekennzeichnet. Der Unterschied zu einer Führungsbeziehung besteht darin, dass Führungsbeziehungen durch „Vertikalität" gekennzeichnet sind, das heißt durch die Nicht-Gleichstellung desjenigen, der führt und desjenigen, der geführt wird. Anders als in sozialen Beziehungen entstehen die meisten Schwierigkeiten im Bereich der Führung nicht aus der Gleichheit, sondern aus der „Ungleichheit" der Beteiligten.

„Führung" kann somit als Verhalten bezeichnet werden, welches aus dem Formenkreis der sozialen Beziehungen stammt und durch eine Ungleichheit der Beteiligten charakterisiert wird, durch so genannte Vertikalität. Durch diese Ungleichheitsbeziehung ist es erst möglich, dass eine der beiden Parteien bestimmen kann, was wie getan wird. Daraus ergeben sich wiederum die Kernfragen der Mitarbeiterführung: Was muss ich tun, um Vertikalität (im positiven Sinn) zu erreichen und aufrecht zu erhalten? Oder anders gefragt: Wie führe ich erfolgreich?

Mithilfe des Führungsportfolios (vgl. Abbildung S. 10) kann man erkennen, welche „Führungstypen" bzw. „Führungsstile" es gibt und welche Ausprägungen Ungleichheitsbeziehungen haben können bzw. wie man mit ihnen führen kann.

Die wichtigsten Führungsmodelle

Es gibt die verschiedensten Führungsstile und Führungspersönlichkeiten, die alle eine unterschiedliche Ausprägung von Vertikalität zwischen Vorgesetzten und Mitarbeitern haben und leben. Ein kollegialer Stil, der sich durch Gleichheit zwischen dem Vorgesetzten und dem Mitarbeiter auszeichnet, hat eine niedrige Vertikalität. Der entgegengesetzte Stil (große „Ungleicheit") ist durch einen großen Rechteabstand zwischen dem Vorgesetztem und dem Mitarbeiter charakterisiert.

Jede Führungssituation kann mit den unterschiedlichsten Führungs- und Kommunikationsstilen bewerkstelligt werden. Auf Fragen des Mitarbeiters einzugehen, Hintergrundinformationen weiterzugeben, für die eigenen Sichtweise zu werben, bei Schwierigkeiten unterstützend zur Seite zu stehen und im eigenen Handeln Rücksicht walten zu lassen, wäre eine Möglichkeit auf eine sehr anständige Art und Weise mit den Mitarbeitern umzugehen.

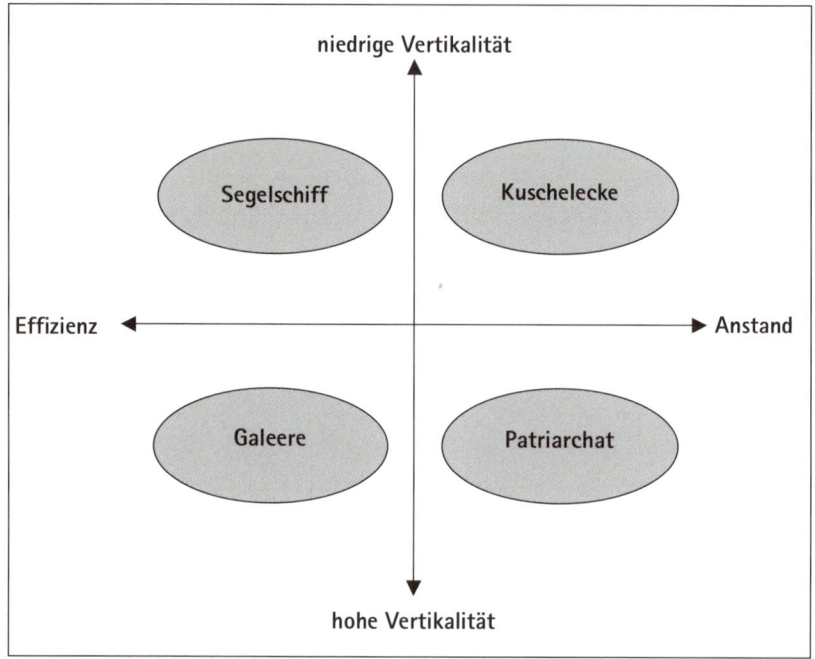

Abb.: Führungsportfolio

Ein anderer Führungsstil besteht darin, in fast alle Führungssituationen mit sehr viel Effizienz ans Werk zu gehen. Viel Effizienz bedeutet in diesem Fall, dass im Verhältnis zum geleisteten Aufwand ein starker Reiz gesendet wird. Im negativen Fall bedeutet dies: Führung durch Anordnung, Kommandos oder Herumschreien. Wichtig ist dabei zu beachten, dass Effizienz nicht gleich Effektivität ist.

Effektivität sagt nur etwas darüber aus, ob das Verhalten langfristig und letztendlich wirkungsvoll ist, jedoch nichts über die Relation zum geleisteten Aufwand. Viel Effizienz bedeutet, dass man Mitarbeiter mit einfachen Methoden dazu bringen kann zu folgen, da sie in den seltensten Situationen in der Lage sind, die Vertikalität zu reduzieren oder aufzulösen.

Führungsmodell 1: Galeere

In dem „Modell-Galeere" (Führungsverhalten bei hoher Vertikalität und gleichzeitig hoher Effizienz) wird autoritär geführt. Ziel ist es, dass die Mitarbeiter Anweisungen schnell und fehlerfrei befolgen. Geschieht dies nicht, wird mit Sanktionen gearbeitet. Die Führungskraft kennt das Ziel und den Weg dorthin genau, es wird nicht mit den Mitarbeitern diskutiert und die Führungskraft stellt sich auch selbst nicht in Frage.

Dieser Führungsstil ist vor allem dann umsetzbar, wenn die Mitarbeiter wenig Alternativen haben (z. B. berufliche Alternativen) und es sich bei den Aufgaben eher um einfache und sich wiederholende Tätigkeiten handelt. Ein solches Führungsverhalten kann allerdings nur unter bestimmten Bedingungen die gewünschte Wirksamkeit erreichen. Zum einen müssen das vorhandene System und die Arbeitsabläufe normiert und standardisiert sein. Zum anderen muss die Leistungsbereitschaft der Mitarbeiter aufrechterhalten werden. Für dieses Führungsmodell ist daher eine „geringe Verfügbarkeit von Alternativen" notwendig, um die Umorientierungsmöglichkeiten von unzufriedenen Mitarbeitern zu reduzieren.

Das „Galeeren-Modell" gilt als sehr effizientes Führungsmodell, da es ohne viel Aufwand betrieben werden kann. Benötigt werden einfache und robuste Verfahren bzw. Abläufe und sehr handfeste Motivationsmodelle.

Führungsmodell 2: Patriarchat

Durch Führung bei hoher Vertikalität und gleichzeitig hohem Anstand ist der Quadrant unten rechts gekennzeichnet. Das hier auftauchende Bild ist das des „patriarchalischen" Führungsmodells.

Der Unterschied zwischen den beiden Führungsmodellen „Galeere" und „Patriarchat" ist, dass im „Patriarchat" den Mitarbeiterinteressen ein höherer Wert beigemessen wird. In den meisten Fällen haben die Unternehmenseigentümer, Direktoren oder auch die jeweiligen Führungskräfte selbst hohe Leistungen und Erfolge erbracht, was ihnen wiederum die Achtung ihrer Mitarbeiter einbringt.

Auch in patriarchalischen Führungssystemen gibt es ein Set von Grundlagenvoraussetzungen und Regeln zwischen Unternehmen und Mitarbeitern. Eine der Grundlagenvoraussetzungen ist – im Gegensatz zum Verhalten vieler

Unternehmen heute – das Angebot von „Sicherheit", gewährt durch den Arbeitgeber, für den Preis von Loyalität und Treue auf Seiten des Mitarbeiters. So lässt sich in patriarchalischen Systemen heute noch die Aussage finden: „Es ist in diesem Unternehmen noch niemand entlassen worden". Diese Aussage gilt als wesentlicher Bestandteil des Regelsystems.

Der Patriarch muss darauf achten, dass ein Großteil seines Führungsverhaltens als „anständig" oder „gerecht" bewertet wird. Zudem ist eine geringe Veränderungsbereitschaft der Mitarbeiter nötig, um die hohe Vertikalität zu ertragen.

Führungsmodell 3: Kuschelecke

Der Quadrant oben rechts stellt das Führungsmodell „Kuschelecke" dar. Dieser Führungsstil ist gekennzeichnet durch Führung mit geringer Vertikalität und hohem Anstand.

Notwendig wird dieses Führungsverhalten, wenn von Seiten der Mitarbeiter, die folgen sollen, eine hohe Vertikalität nicht akzeptiert wird. Dies kann aus unterschiedlichen Gründen der Fall sein, z. B. wenn Führungskräfte aus dem Kreis der Mitarbeiter emporgewachsen sind oder eine beliebte Führungskraft ausgeschieden ist. In den meisten Fällen ist der Erfahrungs- und Kompetenzunterschied zwischen dem Vorgesetzten und seinen Mitarbeitern nicht besonders groß und den Mitarbeitern ist diese Tatsache auch bewusst.

Das Defizit dieser Führungsform ist, dass die Führungskraft keine oder kaum Führungs- bzw. Steuerungsaufgaben übernimmt. Die Mitarbeiter werden komplett in die Projekte einbezogen, was ihre Leistungsfähigkeit aber letztlich schwächt. So kann es zum Beispiel zu langen Diskussionen über die Aufgabenverteilung, Zeitpläne oder Kommunikationswege kommen, was die zu bewältigenden Prozesse stark verlangsamt und die Produktionsleistung senkt. Ein weiterer Leistungsabfall der Mitarbeiter kann dadurch entstehen, dass die Mitarbeiter die Anweisungen der Führungskraft in Frage stellen. Dies kann auch zu Problemen in der gesamten Abteilung führen.

In dem Führungsmodell „Kuschelecke" wird Willkür oder Launenhaftigkeit von Führungskräften nicht akzeptiert. Die Führungsaufgabe besteht darin alle Beteiligten immer wieder zu einem ähnlichen Situationsverständnis zu bringen. Das bedeutet: Die Führungskraft muss immer wieder um ihre Mitarbeiter werben und sie überzeugen. Sie muss z. B. immer Hintergrundinformationen zu den Aufgaben geben, um die Mitarbeiter zum Folgen zu bewegen.

Gefolgschaft von Mitarbeitern kann nur dann erwartet werden, wenn die Meinungsbildungs- und Orientierungsprozesse zur Zufriedenheit aller ablaufen. Daher ist viel Zeit erforderlich, um den Führungsstil „Kuschelecke" erfolgreich praktizieren zu können. Systeme, in denen schnelle Entscheidungen getroffen werden müssen, können sich im Normalfall keine niedrige Vertikalität im Führungsstil leisten, denn langwierige Abstimmungs- und Meinungsbildungsprozesse bremsen und verhindern eine schnelle Entscheidungsfindung.

Führungsmodell 4: Segelschiff

Bei Führung mit niedriger Vertikalität und gleichzeitig hoher Effizienz arbeiten zahlenmäßig meist wenig Mitarbeiter, diese aber an den richtigen Stellen, gut motiviert und mit einem gutem Commitment – wie die Mannschaft eines Segelboots.

Das Führungsverhalten ist gekennzeichnet durch eine intensive Auseinandersetzung mit Personal- und Motivationsfragen der Mitarbeiter, z. B. in Form von Zielvereinbarungen oder Feedbackverfahren. Solche Instrumente steigern die Leistungsfähigkeit der Führungskraft und auch der Mitarbeiter, da die einzelnen Personen eine hohe Klarheit darüber erhalten, was erreicht werden soll. Sie wissen genau, welcher Zielhafen angesteuert wird und welche Etappen sie bis dorthin zurücklegen müssen.

Effizienz wird in diesem Führungsstil gewährleistet durch ein hohes Qualifikationsniveau, Wissen über die eigene Rolle und die zu erledigenden Aufgaben sowie durch ein ausreichendes Verständnis der Aufgaben der anderen Beteiligten.

Um eine effiziente Aufgabenbewältigung mit diesem Führungsstil zu erreichen, ist es wichtig, dass alle Mitarbeiter ein Commitment abgegeben haben – mindestens bis zum nächsten Etappenziel.

Alle Führungstechniken im Überblick

Teil 2

Ihr Handwerkszeug

1 Gesprächstechniken

Technik 1: Fragen gezielt einsetzen

Fragen sind der einzige Weg, gezielt Informationen zu gewinnen, das eigene Wissen zu erweitern, Ziele, Meinungen sowie Wünsche des Gesprächspartners zu erfahren und von Dritten Gesagtes oder anderweitig Gehörtes auf den Wahrheitsgehalt überprüfen zu können. Zudem wecken Fragen Sympathie, denn kaum besser als mit ehrlichen Fragen können Sie signalisieren, dass Sie an der Meinung Ihres Gesprächspartners interessiert sind.

Beim Fragenstellen sollten Sie besonders darauf achten, dass Sie

- konkrete Fragen stellen,
- die Fragen einfach formulieren,
- nicht mehrere Fragen in eine packen,
- den Gesprächspartner nicht ausfragen,
- keine suggestiven Fragen stellen.

Unterschiedliche Fragen erfüllen einen unterschiedlichen Zweck. Das reicht von Informationsverarbeitung bis hin zu gezielter Manipulation. Mit Fragen können Sie viele Ziele erreichen. Die nachfolgende Tabelle bietet Ihnen einen Überblick.

Übersicht: Welche Frageformen setzen Sie wann ein?

Anwendungsgebiet	Frageform	Beispiele
• Gesprächsbeginn • Informationsgewinn	Offene Frage	„Welche Maßnahmen halten Sie für geeignet?"
• Atmosphäre schaffen	Motivierende Frage (offene Frage)	„Was sagen Sie als Spezialist zu diesem Vorschlag?"
• Informationssammlung zur Person/Sache etc.	Informationsfrage (offene Frage)	„Welche Weiterbildungen haben Sie bereits gemacht?"

• Steuerung des Themas • Gewünschte klare Positionierung und kurze Antwort • Gesprächsabschluss	Geschlossene Frage	„Können Sie mir die Unterlagen kopieren?"
• Verständniskontrolle auch Gesprächsende	Kontrollfrage	„Stimmen Sie meiner Überlegung zu?"
• Entscheidungsfrage	Alternativfrage	„Sehen Sie die Möglichkeit ..., oder gibt es ...?"
• Beschleunigung Informationen	Direkte Frage	„Haben Sie das Projekt vorbereitet?"
• Indirekte Erwartungshaltung	Rhetorische Frage	„Sie haben sich doch über den Anbieter informiert?"
• Diskussion anregen, aus der Reserve locken (vorsichtig verwenden)	Angriffsfrage	„Wollen oder können Sie keine fehlerfreie Arbeit abliefern?"

Was wollen Sie Fragen?

Um die richtigen Fragen stellen zu können, ist es wichtig, sich zunächst darüber im Klaren zu sein, was Sie mit dem Gespräch eigentlich bezwecken wollen. Um das herauszufinden, helfen folgende Fragen:

- Was wollen Sie mit dem Gespräch erreichen? Geht es Ihnen um Zusammenarbeit, Hilfe, Information etc.?
- Wer verfügt über welche Informationen oder wen müssen Sie fragen? Ihren Vorgesetzten, einen Kollegen, Mitarbeiter etc.?
- Versetzen Sie sich in die Lage des anderen. Was sind seine Ziele? Was will er erreichen?
- Welche Fragen führen Sie zu Ihrem Ziel?
- Wie können Sie Ihre Fragen formulieren, damit sie für alle Beteiligten zu den gewünschten Ergebnissen führen?

Wer fragt, erhält Verantwortung!

Noch während Sie einer Antwort zuhören, müssen Sie diese verarbeiten und auswerten. Es kann sein, dass Sie noch weitere Fragen stellen müssen, um die Informationen zu erhalten, die Sie benötigen. Vielleicht brauchen Sie noch einige ergänzende Einzelheiten oder Sie müssen eine tiefer greifende Frage stellen, um einer Sache auf den Grund zu gehen.

Bleiben Sie also am Ball. Wenn Sie nach der ersten Frage aufgeben, ist das Gespräch vermutlich zu Ende. Hören Sie zu, machen Sie sich Gedanken über die Antwort und fragen Sie weiter, wenn nötig.

Fragen machen sich dann bezahlt, wenn Sie aufgrund der Informationen, die Sie erhalten haben, auch handeln. Wenn Sie um Vorschläge bitten, diese dann aber im Weiteren nicht beachten, werden Sie irgendwann keine Ideen und Lösungen mehr von anderen bekommen. Das gilt für Kunden ebenso wie für Kollegen und Mitarbeiter. Wenn Sie Ihre Mitarbeiter zur Mitwirkung auffordern und deren Anregungen dann nicht beachten, war Ihre ganze Vorbereitung umsonst. Handeln kann heißen, eine Sache weiterzuverfolgen, die gewonnene Information für eine spätere Verwendung zu speichern (am besten schriftlich) oder konkrete Schritte einzuleiten.

Technik 2: Mit offenen Fragen Informationen vertiefen

Offene Fragen sind in jeder Phase eines Gesprächs nützlich. Nutzen Sie sie immer dann, wenn Sie Informationen gewinnen, vertiefen oder jemanden besser verstehen wollen. Offene Fragen sind die so genannten „W-Fragen":

- Wer?
- Wie?
- Was?
- Warum?
- Wann?

Sie bringen Resultate und Fortschritte, sie regen zum Nachdenken und zur Auseinandersetzung an und schaffen eine offene Atmosphäre. Außerdem eröffnen sie den Weg zu Gedanken, Wünschen und Vorstellungen des Gesprächspartners. Offene Fragen haben eine motivierende Funktion und sind deutlich zielführender als geschlossene Fragen, also solche, die man nur mit Ja oder Nein beantworten kann. Mit ein bisschen Aufmerksamkeit und Training werden Sie schnell dazu in der Lage sein, geschlossene Fragen in offene umzuformulieren. Dann können Sie damit beginnen, Ihren Gesprächspartner gezielt in die von Ihnen gewählte Richtung zu führen, und Lösungen zu erarbeiten, von denen der andere in weiten Teilen überzeugt ist, sie selbst entwickelt zu haben. Die Akzeptanz dieser Lösungen ist ungleich höher, als wenn Sie versuchen, Ihr Gegenüber mit Argumenten von Ihren Lösungen zu überzeugen.

Technik 3: Mit geschlossenen Fragen Informationen sichern

Geschlossene Fragen sind Fragen, die nur mit Ja oder Nein beantwortet werden müssen, z. B.: „Haben Sie die Akte schon gelesen?" Mit dieser Frageform können Sie gezielte, kurze Informationen über Meinungen, Sachen und Personen einholen. Sie sollten diese Frage form jedoch nur einsetzen, wenn Sie auch wirklich eine gezielte Information brauchen oder wenn Sie sich absichern wollen.

Beispiel

Wenn Sie eine Bestätigung über das richtige Verständnis einholen wollen, könnten Sie fragen: „Habe ich Sie richtig verstanden, es geht Ihnen um ...?" Mit der Bestätigungsfrage halten Sie Gemeinsamkeiten fest.

Geschlossene Fragen sind immer dann hilfreich, wenn Sie knappe Informationen wünschen, Zeit sparen wollen, eine Person in die richtige Richtung lenken oder zum Thema zurückführen wollen. Mit der geschlossenen Frage besiegeln Sie Absprachen und Vereinbarungen.

Beispiel

Eine geschlossene Frage kann z. B. lauten: „Reisen Sie gerne?". Offen formuliert könnte die gleiche Frage lauten: „Was halten Sie vom Reisen?"
Ein anderes Beispiel: „Kann die Leistung verbessert werden?" Offen gestellt hieße die Frage: „Wie kann die Leistung verbessert werden?"

Technik 4: Fragetrichter

Sind Sie in einer Situation, in der es für Sie besonders wichtig ist, möglichst viele Informationen von Ihrem Gesprächspartner zu bekommen und sie nach und nach zu konkretisieren, sollten Sie die verschiedenen Frageformen gezielt zu einem „Fragetrichter" kombinieren.

1. Gesprächseinstieg durch offene W-Fragen
Gegenüber motivieren, öffnen
Informationsfragen
Interesse bekunden, Aktivierung

2. gezieltes Nachfragen
Antwort konkretisieren
Informationen vertiefen

3. Alternativfragen
Aussagen eingrenzen, fokussieren

4. Gesprächsabschluss durch
geschlossene Fragen
Konkretisieren
Ergebnisse festhalten

Abb.: Der Fragetrichter

Beispiel

Typisch für den „Fragetrichter" ist, dass er mit offenen Einstiegsfragen beginnt, z. B.: „Welche Veränderungen halten Sie für notwendig?".

Durch eine gezielte Nachfrage: „Sie glauben, dass Veränderungen in dem Bereich Marketing notwendig sind?" kann die Frage konkretisiert werden.

Weiter verdichtet werden kann die Frage durch Alternativfragen: „Glauben Sie, dass es besser ist, erst im Bereich A Veränderungen anzustoßen oder im Bereich B?"

Durch geschlossene Fragen erhalten Sie ein klares Ergebnis: „Sind Sie der Meinung, dass wir Veränderungen in Bereich A anstreben sollten?"

Technik 5: Aktiv zuhören

Aktiv zuhören bedeutet, dass Sie, wenn Sie in einem Gespräch Fragen stellen, auch deutlich machen müssen, dass Sie eine Antwort erwarten und sehr daran interessiert sind.

Schaffen Sie eine gute Gesprächsatmosphäre und konzentrieren Sie sich auf Ihren Gesprächspartner. Halten Sie Blickkontakt und geben Sie durch kurzes Kopfnicken, kurze verbale Bestätigungen oder Nachfragen („Habe ich xy so richtig verstanden?") Ihrem Gegenüber Feedback. Auch Ihre Körperhaltung sollte dem Gesprächspartner zugewandt sein und Offenheit signalisieren. So zeigen Sie Aufmerksamkeit und ermutigen Ihren Gesprächspartner, seine Gedanken weiter auszuführen.

Stellen Sie sich vor, Sie sind in einem Gespräch und Ihr Gesprächspartner schaut nebenher einen Stapel Unterlagen durch. Würden Sie sich ernst genommen fühlen und hätten Sie das Gefühl, Ihr Gesprächspartner höre Ihnen zu? Wahrscheinlich nicht, oder? Die Folge daraus ist, dass Sie sich nicht öffnen und kein Interesse an der Vertiefung des Gesprächs haben werden.

Genauso ergeht es Ihren Mitarbeitern, wenn Sie sich keine Zeit für sie nehmen und ihnen nicht richtig zuhören, sondern in Gedanken schon oder immer noch mit anderen Dingen beschäftigt sind. Mit diesem Verhalten gehen Sie das Risiko ein, das Vertrauen und die Achtung Ihrer Mitarbeiter zu verlieren. Versuchen Sie einmal durch Selbstbeobachtung herauszufinden, wann Sie in einem Gespräch richtig zuhören und wann Sie mit Ihren Gedanken woanders sind.

Kommunikationstechniken

Im beruflichen Alltag werden Sie es immer wieder erleben, dass die scheinbar so selbstverständliche und alltägliche Kommunikation im Grunde genommen sehr schwer ist und Ihnen Missverständnisse wahrscheinlich häufiger begegnen werden als gegenseitiges „richtiges" Verstehen. Sätze wie: „Das habe ich nicht so gemeint", „Das habe ich nicht so gesagt" oder: „Sie haben nicht richtig zugehört" sind nicht unbekannt. Damit Sie diese Sätze in Zukunft nicht mehr zu Ohren bekommen, sollten Sie als Führungskraft ständig darauf bedacht sein, Ihr wichtigstes Führungsinstrument, nämlich Ihr Kommunikationsverhalten, zu optimieren. Dazu dienen die folgenden zwei Techniken.

Technik 6: Die kommunikative Kompetenz verbessern

In einem Gespräch tragen Sie immer die doppelte Verantwortung. Zum einen müssen Sie sicherstellen, dass Sie Ihre Gesprächspartner richtig verstehen, und zum anderen müssen Sie sich sicher sein, dass Ihr Gegenüber Ihnen zuhört und Sie richtig verstanden werden. Dabei können Ihnen folgende Hinweise helfen:

Verwenden Sie eine deutliche Sprache

- Vermeiden Sie Füllwörter wie eigentlich, ich denke, sagen wir mal etc. Sie sind nur unnütze Satzveränderer, die die Verständlichkeit und Eingängigkeit Ihrer Aussage reduzieren.
- Vermeiden Sie den Gebrauch von Konjunktiven (ich würde, ich hätte). Entweder tun Sie etwas oder Sie lassen es. Sagen Sie nur Dinge, die Sie auch wirklich vertreten können!
- Wählen Sie immer kurze und präzise Formulierungen.
- Verwenden Sie einfache Formulierungen.
- Seien Sie zurückhaltend in der Verwendung von Fachbegriffen, Fremdwörtern und Abkürzungen.
- Achten Sie auch auf Ihr Sprechtempo – Pausen bei Punkt und Komma helfen ungemein.

Wählen Sie ansprechende Formulierungen

- Versuchen Sie immer, lebendig zu sprechen. Verwenden Sie Metaphern, Beispiele und Bilder.
- Visualisieren Sie komplexe Sachverhalte, um deren Nachvollziehbarkeit zu erhöhen.
- Wählen Sie positive Formulierungen. Menschen verstehen sie leichter als negative Formulierungen.
- Versuchen Sie, während des Sprechens die Lautstärke zu variieren, um immer wieder die Aufmerksamkeit Ihres Gegenübers zu erzeugen.

Überzeugen Sie mithilfe von Formulierungen

- Stellen Sie Ihre Kernbotschaften deutlich heraus. Aber beschränken Sie sich hierbei auf ca. drei Aussagen.
- Zeigen Sie deutlich den Nutzen und die Vorteile Ihrer Ausführungen auf.
- Bringen Sie immer nur ein Argument pro Aussage an. Zum einen gehen die anderen verloren, zum anderen verschießen Sie sonst Ihre ganze Munition.

Erreichen Sie ein nachhaltiges Verstehen

Fassen Sie nach wichtigen Punkten das Gesagte kurz zusammen, das erhöht das Verständnis bei allen Beteiligten. Auf diese Weise kann jeder feststellen, inwieweit das gegenseitige Verständnis gegeben und das weitere Handeln eindeutig ist. Mit der Zusammenfassung können Sie auch überprüfen, ob alle bisherigen Absprachen stimmig sind.

Technik 7: Überzeugungskraft und Verständlichkeit steigern

Betonung und Verständlichkeit erreichen Sie u. a. über verschiedene sprachliche Stilmittel:

- Pause, Sprechtempo, Punkt und Komma,
- Betonung einzelner Wörter oder Sätze,
- Sprechlautstärke.

Ein wesentlicher Schritt, um Betonung zu erreichen, ist die Verdeutlichung von Punkten und Kommas beim Sprechen. Punkte und Kommas stehen für Pausen, die Ihre Aussagen unterstreichen und Ihrem Gegenüber Zeit geben, Ihren Ausführungen zu folgen und Sie zu verstehen. Kennen Sie die Aussage: „ohne Punkt und Komma"? Diese Art des Sprechens erschwert das Zuhören und Verstehen. Pausen (Punkt und Komma) sind ein wichtiges Steuerungs- und Stilmittel beim Sprechen. Die Ziele gekonnter Pausentechnik sind,

- Spannung aufzubauen;
- sich zu vergewissern, dass das Gesagte auch „sitzt". Sie erlauben dem Zuhörer damit, an wichtigen Stellen das Gesagte sich „setzen" zu lassen;
- die inhaltliche Gliederung deutlich zu machen;
- den Zuhörer neugierig zu machen
- selbst Möglichkeiten zum Innehalten und Weiterdenken zu haben;
- selbst erneut Luft zu holen und sich zu konzentrieren;
- Inhalte auf den Punkt zu bringen
- Inhalte verständlich zu kommunizieren.

| Tipp
Setzen Sie eine halbe Sekunde Pause ein, wo im Text ein Komma stehen würde, ca. eine Sekunde Pause, wo ein Punkt hingehört, und ca. 2-3 Sekunden Pause, wo ein Gedanke aufhört, ein Absatz steh.

Den hörbaren Punkt setzen Sie mit einem deutlichen Absenken der Stimme mit anschließender Pause. Als leicht verständlicher Redner setzen Sie Punkte überwiegend am Ende einer Sinnaussage. „Punkte" entstehen beim Sprechen dort und nur dort, wo Sie diese bewusst setzen. Punkt und Komma sind gleichzeitig Stilmittel, mit denen Sie Ihr Sprechtempo kontrollieren können. Bei einem zu schnellen Sprechtempo meinen nur Sie als Sprecher, Sie hätten viele Informationen rübergebracht. Der Zuhörer hatte jedoch kaum Zeit zum Verstehen. Zu schnelles Sprechen führt leicht zu Missverständnissen und mitunter fühlt sich der Gesprächspartner „an die Wand" geredet.

Bei zu langsamem Sprechen ist das Gegenteil der Fall. Ihr Zuhörer wird unaufmerksam und leicht gelangweilt. Engagement und Überzeugung fehlen.

> **Tipp**
>
> Grundsätzlich sollten Sie Ihr Sprechtempo Ihrem Gesprächspartner anpassen. Spricht dieser sehr zögerlich, sprechen Sie langsamer, redet er sehr schnell, erhöhen auch Sie Ihr Sprechtempo.

Hierfür ist es hilfreich, den raschen Wechsel zwischen schnell und langsam zu trainieren. Kombinieren Sie den Tempowechsel je nach inhaltlicher Aussage – also mal mehr, mal weniger Dynamik –, können Sie bezüglich Ihrer Überzeugungskraft eine optimale Wirkung erreichen.

> **Faustregel**
>
> Zwölf durchschnittliche Maschinenschreibzeilen (ca. 55 Anschläge) entsprechen einer Sprechminute. Dies ist das Tempo, mit dem die meisten Zuhörer mitkommen. Dieses Tempo können Sie mit einer Stoppuhr üben.

Ein weiteres wichtiges Mittel, um die Überzeugungskraft zu stärken, ist die Betonung. Betonung meint, ein Wort so zu sprechen, als wenn es „fett" gedruckt wäre. Das Wort bekommt Bedeutung und Bewertung. Betonung macht Ihrem Zuhörer klar, was Ihnen wichtig ist. Überlegen Sie sich gut, welche Wörter Ihnen wichtig sind, denn mit zu viel Betonung verlieren sie wieder an Bedeutung.

Dauerhaftes zu lautes Sprechen ist für den Zuhörer unangenehm. Es kann zu Spannungen, Abwehr und auch zu Aggression kommen. Wer im Extremfall schreit, drückt damit eigentlich nur aus, dass ihm die Argumente ausgegangen sind.

Sprechen Sie dauerhaft zu leise, wirken Sie auf andere evtl. schüchtern oder unsicher. Zudem erfordert zu leises Sprechen von Ihrem Gesprächspartner eine übermäßige Konzentration. Zur Stärkung Ihrer Überzeugungskraft ist ein Wechsel zwischen lauter und leiser ideal. „Lauter" macht die Zuhörer wach und signalisiert Bedeutung. „Leiser" kann ebenfalls heißen: Jetzt besonders gut aufgepasst, das ist wichtig.

Typische Probleme in Gesprächssituationen

Gespräche dienen uns als zentrales Kommunikationsinstrument. Und doch werden Gespräche häufig von verschiedenen Schwierigkeiten und Irritationen begleitet, wie zum Beispiel Ungeduld des Gesprächspartners, geschickte rhetorische Schachzüge oder Unverständnis.

Wie Sie sich in solchen Situationen verhalten können und welche Techniken Ihnen zur Verfügung stehen, zeigen wir Ihnen in den folgenden Abschnitten.

Technik 8: Umgang mit Vielrednern

Lassen Sie sich nicht „zuschütten". Wenn Sie versuchen, andere wirklich zu verstehen, kann das schnell dazu führen, dass Sie nur noch zuhören und selbst gar nicht mehr zu Wort kommen. Das ist allerdings nicht der Sinn der Sache.

Es gibt „Vielredner", die nur reden, um zu reden. Sie halten minutenlange und oft vollkommen unnötige Monologe, die oft ganz schnell langweilig und nervenzehrend werden. Es ist Ihre Zeit und es sind Ihre Nerven und Sie haben es wirklich nicht verdient, das zu ertragen. Stoppen Sie diese Personen!

Um Vielredner zu stoppen, gibt es Rezepte:

Rezept 1: Unterbrechen Sie einfach. Sie haben wahrscheinlich gelernt, dass es unhöflich ist, jemanden zu unterbrechen. Aber es ist auch unhöflich, Sie durch einen minutenlangen Monolog zu langweilen.

Wie überall gilt auch beim Unterbrechen: Der Ton macht die Musik. Sie sollten Ihrem Gesprächspartner lieber nicht sagen: „STOP! Jetzt haben Sie genug geredet! Jetzt bin ich dran ...". Es gibt eine bessere und höflichere Methode. Sagen Sie doch einfach in freundlichem Ton.

Beispiel

- „Warten Sie mal kurz! Ehe ich es vergesse ..."
- „Dazu fällt mir Folgendes ein ..."

Oder Sagen Sie einfach zwischendrin:

- „Ja. Das ist ja genauso wie bei ..."
- „Dabei müssen wir auch beachten, ..."

Wichtig hierbei: Sie müssen das mit ein bisschen Schwung sagen, sodass Ihr Gegenüber ein wenig erschrocken ist und erst einmal zu reden aufhört. Wenn Sie Ihrer Unterbrechung nicht genug Nachdruck verleihen, redet Ihr Gesprächspartner vielleicht einfach weiter.

Rezept 2: Langweilen Sie sich deutlich. Auch hier denken Sie vielleicht, das wäre unhöflich, aber wie schon gesagt: Jemanden totzureden ist auch kein höfliches Verhalten. Schauen Sie aus dem Fenster. Kritzeln Sie auf einem

Stück Papier herum. Spielen Sie gelangweilt mit einem Stift. Setzen Sie ein gelangweiltes Gesicht auf und schauen Sie Ihrem Gesprächspartner nicht in die Augen, denn das zeigt Interesse.

Technik 9: Mit Unterbrechungen professionell umgehen

Wenn Ihr Gesprächspartner Sie ständig unterbricht, gibt es eine ganz einfache Antwort hierauf: Lassen Sie sich nicht unterbrechen!

Sie gehören sicherlich nicht zu den Vielrednern. (Wenn doch, dann sehen Sie sich den vorherigen Abschnitt etwas genauer an.) Deswegen haben Sie es auch nicht verdient, beim Reden unterbrochen zu werden. Viele Menschen haben aber die Angewohnheit, andere ständig zu unterbrechen, auch wenn diese gerade erst ein oder zwei Sätze geredet haben. Dagegen gibt es ein einfaches Rezept: Sagen Sie freundlich, aber laut und deutlich:

- „Warten Sie bitte ... Lassen Sie mich das kurz noch zu Ende bringen ...“
- „Warten Sie bitte ... Einen Satz noch ...“

Viele Menschen merken gar nicht, dass sie andere Menschen unterbrechen, und dann ist es oft unangenehm, sie darauf aufmerksam zu machen, weil Sie damit ja den Menschen direkt kritisieren. Durch die oben gezeigte Art und Weise holen Sie sich das Wort zurück, ohne den anderen anzugreifen.

Technik 10: Prägnante Botschaften vermitteln

Nach ca. 50 Sekunden hört Ihnen keiner mehr zu. Es macht also wenig Sinn, zu reden und zu reden und zu reden und andere Menschen nicht zu Wort kommen zu lassen. Die meisten Menschen schalten nach ca. 50 Sekunden Monolog ab und wenden sich ihren eigenen Gedanken zu oder fangen an, sich zu langweilen. Bemühen Sie sich, sich kurz zu fassen, und versuchen Sie, Ihre Botschaften so knapp und prägnant wie möglich zu präsentieren. Lassen Sie Ihren Gesprächspartner zu Wort kommen. Nur so kommt ein wirkliches „Gespräch“ – ein Dialog – zustande.

Machen Sie sich klar, dass in einem Dialog beide Gesprächspartner reden. Die Situation entscheidet: Wollen Sie ein Gespräch führen oder eine Rede halten? Viel interessanter, als selbst zu reden, ist es doch zu hören, was der andere sagen will. Was Sie sagen wollen, wissen Sie ja schon. Aber aus den Gedanken des anderen können Sie etwas lernen.

Außerdem gilt hier das Sprichwort „Zeit ist Geld". Zeit ist ein wertvolles Gut und gerade im Geschäftsumfeld wird Ihnen jeder dafür dankbar sein, wenn Sie diese Ressource schonend behandeln. Also fassen Sie sich so kurz wie möglich, damit ein gewinnender Dialog zustande kommt, in den sich beide zu gleichen Teilen einbringen können.

Technik 11: Mit unverständlichen Gesprächspartnern umgehen

Wenn Sie etwas nicht verstehen, fragen Sie nach. Vielen Menschen fällt es schwer nachzufragen. Sie glauben, dass es ein Eingeständnis der eigenen Unwissenheit oder vielleicht sogar der eigenen Inkompetenz sei.

Wenn Sie etwas nicht verstehen, kann das daran liegen, dass Sie noch nicht genug wissen. Oder vielleicht hat sich Ihr Gesprächspartner auch nicht klar genug ausgedrückt oder bestimmte Begrifflichkeiten nicht erklärt. In allen Fällen sollten Sie nachfragen, sonst gehen Ihnen im weiteren Verlauf ggf. wichtige Informationen verloren. Nachfragen ist ein Zeichen von Interesse und einer wachen Persönlichkeit. Sagen Sie einfach: „Eines habe ich dabei noch nicht so ganz verstanden ..." Betrachten wir diesen Satz etwas genauer: Das „noch" im Satz sagt aus, dass Sie es zwar noch nicht verstanden haben, aber dass Sie es bald verstehen werden. Die Wörter „eines" und „ganz" stehen dafür, dass Sie schon eine Menge verstanden haben und dass Ihnen nur noch ein kleiner Rest zum vollständigen Verständnis fehlt. Sie sehen, welch große Wirkung kleine Wörter haben können.

Technik 12: Rhetorische Tricks entlarven

Viele Menschen spielen auch ein rhetorisches Spiel. Sie untermauern ihre Aussagen z. B. mit Sätzen wie:

- „Wie jeder weiß, ..."
- „..., aber das wissen Sie ja bestimmt!"
- „Da erzähle ich Ihnen ja nichts Neues."

Lassen Sie sich nicht von solchen rhetorischen Tricks beeindrucken. Wer so etwas sagt, versucht Sie davon abzuhalten nachzufragen, oder noch schlimmer: Er versucht, Widerspruch im Keim zu ersticken. Hier sollten Sie erst recht nachfragen. Machen Sie es sich zu einer goldenen Regel, immer nachzufragen, wenn Sie etwas nicht verstanden haben.

Tipp

Stellen Sie während eines Gesprächs viele Fragen. Je mehr, desto besser. Fragen Sie z. B.:

- „Wie geht das genau?"
- „Was darf ich mir darunter genau vorstellen?"
- „Wie soll das genau funktionieren?"
- „Warum ist das so?"
- „Warum geht das nicht?"

Das Thema „Fragen" ist bereits näher erläutert worden. Doch ist es im Zusammenhang mit dem Gespräch wichtig, noch einmal darauf hinzuweisen. Wie heißt es so schön: Wer fragt, der führt.

Eine Möglichkeit ist es, nach dem Warum zu fragen. Besonders wenn Ihr Gesprächspartner eine Aussage macht und diese als allgemein gültig hinstellt.

Beispiel

Ihr Gesprächspartner sagt: „Über eines sind wir uns doch einig: Wir können unseren Marketingetat nicht erhöhen." Viele werden nun wegen des kleinen rhetorischen Tricks „Über eines sind wir uns doch einig ..." nicht mehr nachfragen, aber hier ist eine Warum-Frage absolut angebracht. Sie können auch fragen: „Was würde denn passieren, wenn wir den Marketingetat erhöhen würden?"

Viele Menschen reden in so abstrakten Wörtern und Begriffen, dass man sich sehr anstrengen muss, um sie zu verstehen. Wenn Sie wollen, dass andere Sie verstehen, dann reden Sie in Bildern, geben Sie viele Beispiele und reden Sie in Metaphern. Beispiele und Metaphern transportieren eine Nachricht viel besser als eine abstrakte Erklärung. Achten Sie auch darauf, kurze Sätze zu formulieren und klar und deutlich zu sagen, was Sie sagen wollen. Das erleichtert das Verständnis.

2 Verhandlungstechniken

Um eine Verhandlung konstruktiv und erfolgreich zu führen, sollten Sie lernen, jede Situation mit den Augen des Gegenübers zu betrachten. Diese Voraussetzung ist bei der Verhandlungsführung aus taktischen Gründen unerlässlich. Neben den allgemeinen Prinzipien, die für alle Gespräche gelten, kommen für Verhandlungen noch vier Grundregeln hinzu, die Sie stets berücksichtigen sollten. Wenn es Ihnen gelingt, sich die nachfolgend aufgeführten Grundgedanken für erfolgreiches Verhandeln zu Eigen zu machen und sie in Ihren nächsten Verhandlungssituationen so weit wie möglich umzusetzen, wird es Ihnen leichter fallen, ein für Sie positives Ergebnis zu erzielen.

Tipp

In Teil 3, Kapitel 9 finden Sie eine Anleitung für die Vorbereitung und Durchführung von Verhandlungen mit Mitarbeitern.

Regel 1: Behandeln Sie Menschen und Probleme getrennt voneinander

Die Person und die Rolle und damit das Problem, das diese Person gerade vertritt, müssen nicht unbedingt etwas miteinander zu tun haben. Sicher kennen Sie aus Ihrem eigenen Führungsalltag Situationen, in denen Sie Dinge vertreten müssen, die nicht Ihre persönliche Meinung spiegeln. Als „Person" haben Sie mit dem „Problem" eigentlich gar nichts zu tun. Vermischen Sie Rolle und Person, laufen Sie Gefahr, emotional und somit verletzbar, aber auch verletzend zu werden. Versuchen Sie deshalb für sich, sowohl Ihre Rolle, aus der Sie handeln, als auch die Rolle Ihres Gegenübers zu klären. Sie erreichen so ein größeres Verständnis für Ihr Gegenüber und sind in der Lage, die Verhandlungssituation emotionsfreier wahrzunehmen. Sie werden offener für Ansatzpunkte zu Kompromissen und Einigungen sein.

Tipp

Feinde können nicht gut verhandeln, sie agieren defensiv, angreifend und miss-achten die legitimen Interessen des Anderen. Betrachten Sie das Problem und die Lösungsfindung als gemeinsame Aufgabe, auch wenn Sie den anderen nicht mö-gen. Artikulieren Sie das Problem exakt, benennen Sie die gemeinsamen Interes-sen einer Lösung.

Regel 2: Verhandeln Sie Interessen und nicht Positionen

Gute Verhandlungen zeichnen sich dadurch aus, dass sie nie oder nur ganz selten zum Stillstand kommen, selbst dann, wenn nur in winzigen Schritten vorangegangen wird. Erfragen Sie in Verhandlungen immer die Interessen hinter den jeweiligen Positionen. Dadurch gewinnen Sie Raum für Kompro-misse und Vereinbarungen.

Hinterfragen Sie die Interessen Ihres Gegenübers und finden Sie heraus, was Sie selbst und was Ihr Verhandlungspartner erreichen möchte.

- Zu Interessen können Wünsche, Nöte, Sorgen und Ängste zählen, sie sind die stillen Beweggründe hinter den vertretenen Positionen.
- Positionen sind bewusste Entscheidungen. Interessen dagegen sind die Gründe, die Sie zum Treffen dieser Entscheidung bewegt haben.
- Hinter gegensätzlichen Positionen liegen sowohl gemeinsame und aus-gleichbare als auch sich widersprechende Interessen. Ihr Ziel sollte es im-mer sein, einen Ausgleich zu erzielen.
- Interessen können in der Regel durch mehrere mögliche Lösungen befrie-digt werden.
- Wechseln Sie die Position und betrachten Sie die Situation aus dem Blick-winkel Ihres Gegenübers.
- Fragen Sie Ihren Verhandlungspartner nach dem Warum bzw. stellen Sie sich die Frage: Was will er mit seinem Vorschlag erreichen? Versuchen Sie, die Hoffnungen, Befürchtungen, Ängste und Wünsche hinter der Position herauszufinden.
- Fragen Sie auch: „Warum nicht?". Klären Sie ab, welche Grundforderun-gen die Gegenseite von Ihnen erwartet und warum Ihre Gesprächspartner bestimmte Dinge nicht erfüllen wollen.

- Erkennen Sie an, dass beide Seiten vielfältige Interessen haben. Jeder Verhandlungspartner hat Hintermänner (Chef, Kollege, Mitarbeiter etc.), von denen er Interessen übermittelt bekommt und die er dann im Verlauf der Verhandlung befriedigen will und muss.
- Erkennen Sie die Interessen Ihres Gegenübers als Teil des Problems an.
- Die wichtigsten Interessen sind die menschlichen Grundbedürfnisse: Sicherheit, wirtschaftliches Auskommen, Zugehörigkeit, Anerkennung, Selbstbestimmung.
- und führen Sie dann darauf aufbauend Ihre Vorschläge und Lösungen an.
- Halten Sie für alle Beteiligten die herausgefundenen Interessen fest und erstellen Sie eine Rangfolge. Die Liste kann jederzeit ergänzt werden.

Eine wichtige Regel in Verhandlungen besagt: „Nicht um Positionen, sondern um Interessen verhandeln". Was heißt das genau? Eine Position ist ein festgezogener Standpunkt – „so und nicht anders". Wenn Sie und Ihre Verhandlungspartner sich mit Ihren Positionen gegenübertreten, kommt es unweigerlich zum Schlagabtausch, Ihre Positionen sind ja fest und unbeweglich. Es gibt nur Gewinnen und Verlieren, vielleicht noch einen Kompromiss. Eine kleine Geschichte macht das sehr deutlich:

Beispiel

Jürgen und Klaus betreten zum gleichen Zeitpunkt die Küche. In der Obstschale liegt nur noch eine Orange. Beide greifen danach. Klaus: „Die Orange gehört mir!" Jürgen: „Das sehe ich anders, sie steht mir zu. Du hattest schon mehr als ich! ..." Beide tauschen ihre Positionen aus und kämpfen um die Orange. Um den Konflikt zu beenden, einigen sie sich darauf, dass jeder eine halbe Orange bekommt. Beide ziehen mit ihrer halben Orange los: Jürgen reibt die Schale ab, weil er Orangenaroma braucht, Klaus presst den Saft aus.

Beide hätten viel mehr haben können, beide hätten ihr eigentliches Interesse (Saft und Schale) ganz befriedigen können, wenn sie darüber gesprochen hätten. Die Geschichte soll verdeutlichen, dass wir mit der Verkündung unserer Positionen noch lange nicht unsere Interessen kommunizieren, uns dies selbst auch gar nicht bewusst ist. Das heißt, wenn Sie erfolgreich verhandeln wollen, müssen Sie für sich klären, was Ihre Interessen hinter Ihren Forderungen sind.

Regel 3: Suchen Sie nach Optionen statt nach der einen Lösung

Erweitern Sie Ihren Blickwinkel! Suchen Sie nicht nach der einen richtigen Lösung, sondern nach vielen verschiedenen Optionen.

Der häufigste Fehler in Verhandlungssituationen ist der, dass zu schnell auf eine Lösung hingearbeitet wird. Die Gründe hierfür sind unterschiedlich: weil die Situation belastend oder unangenehm ist, weil man schnell fertig werden will oder weil man das Gefühl der gerade günstigen Gelegenheit hat. Drucksituationen machen jedoch nur dann Sinn, wenn eine der Parteien in der Verhandlungsführung deutlich überlegen ist und die unterlegene Partei später keine Möglichkeit zu einer Retourkutsche hat. Das ist innerhalb eines Unternehmens außerordentlich selten, da oft die Notwendigkeit besteht, sich in nächster Zeit zu einem anderen Thema zusammenzusetzen. Aus diesem Grund ist es sinnvoller, der Gegenseite das Annähern durch Wahlmöglichkeiten zu erleichtern. Schnüren Sie unterschiedliche „Pakete" (z. B. Maximal- und Minimallösungen), die die Annäherung erleichtern und den Stillstand der Verhandlung verhindern.

Tipps für die Suche nach Optionen in Verhandlungen

- Erhöhen Sie von Anfang an die Wahlmöglichkeiten hinsichtlich der zu treffenden Entscheidungen.
- Vermeiden Sie vorschnelle Urteile.
- Suchen Sie nach Lösungen, aber nicht nach der einen richtigen Lösung.
- Begraben Sie den Gedanken, „der Kuchen sei begrenzt". Der Gedanke: „Nur einer kann gewinnen!" führt bloß zu Gegeneinanderstellungen von Positionen und somit zu Verlusten, meist auf beiden Seiten.
- Wenn Sie an einem Punkt nicht weiterkommen, setzen Sie Kreativitätstechniken ein (vgl. Teil 2, Kapitel 6) oder ziehen Sie einen Experten hinzu.

Checkliste: Fragen für die Suche nach Optionen	
Welche Bedingungen könnte die Gegenseite unterschreiben, die auch für Sie attraktiv sind?	
Welche Übereinkunft ist für die Gegenseite leicht realisierbar?	
Müssen alle zustimmen?	
Welche Konsequenzen hat die Entscheidung für die Gegenseite?	
Was wird die Gegenseite am meisten fürchten, was erhofft sie sich am meisten?	
Welche Kritik würde die Verhandlungsführer der Gegenseite treffen, wenn sie der Entscheidung zustimmten?	

CD-ROM

Regel 4: Definieren Sie Entscheidungskriterien

Um für das Verhandlungsergebnis die Sicherheit zu schaffen, dass eine länger-fristige Akzeptanz gegeben ist, ist es gerade bei schwierigen Verhandlungen hilfreich, schon frühzeitig objektive Entscheidungskriterien zu definieren, an denen gemessen wird, ob die Entscheidung die Ziele der Beteiligten erfüllt. Diese Kriterien sollten fair, neutral und unabhängig vom Willen beider Par-teien sein und folgende Ausprägungen beinhalten:

- Kosten
- Moralische Aspekte
- Wissenschaftliche Gutachten
- Vergleichsfälle
- Kriterien von Sachverständigen
- Gleichbehandlung
- Kriterien mit Bezug auf Verfahrensweisen
- Dauerhaftigkeit/Tragfähigkeit
- Lösung für Gesamtproblematik oder Teillösung
- Akzeptanz bei allen bzw. bei bestimmten Gruppen

3 Teamführung

Welche Aufgaben sollten von einem Team bearbeitet werden?

Viele Aufgaben sind heute so komplex, dass sie von Einzelnen nicht mehr bewältigt werden können. Bestimmte Aufgaben stellen Anforderungen an die Geschwindigkeit, die Qualität und die Struktur der Leistungen, die ein oder mehrere Mitarbeiter einzeln nicht mehr erfüllen können. In Teams können unterschiedliche Kompetenzen kombiniert werden. Durch die Kombination von Fach- und Sozialkompetenz können komplexe Aufgaben optimal bewältigt werden. Ein „echtes Team" besteht aus einer überschaubaren Anzahl von Personen, deren Kompetenzen sich sowohl in fachlicher als auch in sozialer Hinsicht ergänzen.

Es gibt Aufgaben, die nur von einem Team erfüllt werden können, und es gibt Aufgaben, bei denen Sie von einer Bearbeitung durch ein Team absehen sollten:

- In Entscheidungssituationen, in denen es an Zeit mangelt, ist der Aufwand für die Planung, Koordinierung und Dokumentation eines Teams unter Umständen zu hoch.
- Aufgaben, die eine hochgradige Expertise und eine ausgeprägte Detailorientierung verlangen, sind nicht dazu geeignet, von einem Team erledigt zu werden. Sie sollten besser in die Hände eines Spezialisten gegeben werden.
- Teams sollten keine Aufgaben übernehmen, die höchste Verantwortung in wichtigen Entscheidungen verlangen.
- Es ist wenig sinnvoll, Aufgaben in die Hände eines Teams zu geben, die einen so geringen Komplexitätsgrad besitzen, dass sie besser von Einzelpersonen bewältigt werden können.

Für Teamarbeit geeignet sind Aufgaben, die einen relativ hohen Komplexitätsgrad besitzen, viele unterschiedliche Kompetenzen und Flexibilität im Handeln erfordern. Bevor Sie ein Team bilden, sollten Sie sich also zunächst fragen, ob ein Team der anstehenden Aufgabe gerecht werden kann. Folgende Fragen werden Ihnen dabei helfen:

- Ist die Aufgabe fachübergreifend?
- Erfordert die Aufgabe Innovation, Kreativität und die Koordination unterschiedlicher Kompetenzen?
- sind die organisatorischen Voraussetzungen (Raum, Zeit, Material etc.) für Teamarbeit gegeben?
- Welche Kompetenzen sind vorhanden? Besteht die Bereitschaft, sie in einem Team einzusetzen?
- Lässt die Unternehmenskultur die Übernahme von Verantwortung durch ein Team zu?

Worauf müssen Sie achten, wenn Sie ein Team zusammenstellen?

Menschen sind in ihrer Persönlichkeit verschieden. Entsprechend unserer Persönlichkeit engagieren wir uns für verschiedene Dinge: die rein fachliche Aufgabe, eine gute Zusammenarbeit, eine hohe Qualität oder den Kontakt zu anderen. All diese Funktionen benötigen Sie in einem gut funktionierenden Team. Wenn Sie sehr ähnliche Persönlichkeitstypen in Ihrem Team haben, können manche Aufgaben einfach auf der Strecke bleiben, weil sie niemanden interessieren oder niemandem Spaß machen. Bei der Teamzusammensetzung geht es also nicht nur um die fachliche Auswahl, sondern ebenso um die gesunde Mischung von Persönlichkeitstypen. Nur so können Sie gewährleisten, dass jede der vielfältigen zu erledigenden Aufgaben auch von einem Teammitglied übernommen wird.

Wenn es Ihnen gelingt, jedem Teammitglied die Aufgaben und Verantwortungen zu übertragen, die seiner Persönlichkeit und seinen Fähigkeiten am besten entsprechen, haben Sie die Basis für ein erfolgreiches Team geschaffen. Es wird seltener zu Konflikten innerhalb des Teams kommen, da die einzelnen Aufgabenbereiche und Zuständigkeiten klar definiert sind und die Mitglieder nicht miteinander konkurrieren müssen. Diese Bedingungen leisten einen wesentlichen Beitrag zur Förderung von Motivation und Teamgeist.

Die vier Persönlichkeitstypen und ein Mischtyp

Es gibt die verschiedensten Persönlichkeitsmodelle, um Teams optimal zusammenzusetzen. Im Alltag bewähren sich die einfachsten Modelle am besten. Das nachfolgende Modell können Sie nutzen, um die Mitarbeiter einschätzen zu können, die Sie für Ihr neues Team auswählen. Wenn Sie mit diesem Modell arbeiten, bedenken Sie bitte, dass es ein Modell ist, also eine stark vereinfachte Abbildung der Wirklichkeit. Es soll Ihnen als Anleitung dienen, in die richtige Richtung zu denken, Erklärungen zu finden und Handlungen einzuleiten.

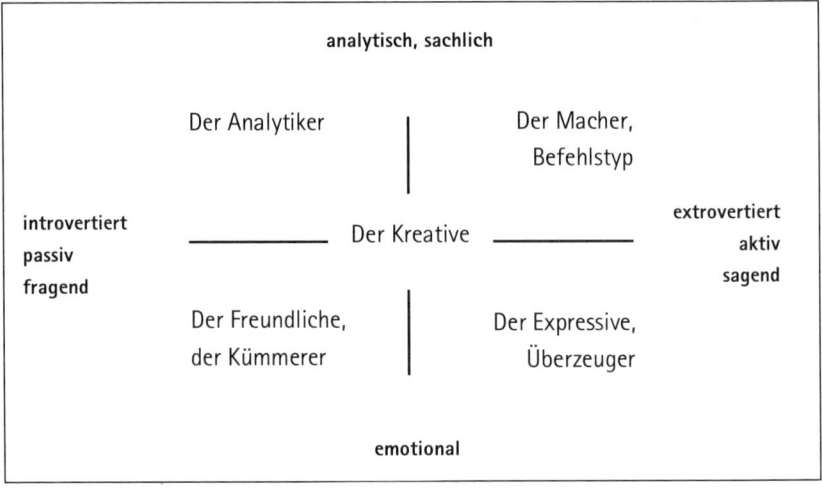

Abb.: Ein Menschenmodell

Zwei Dimensionen helfen uns, Menschen in ihrer Persönlichkeit zu beschreiben:

- sachlich versus emotional und
- introvertiert versus extrovertiert.

Die beiden Dimensionen führen zu den folgenden vier Persönlichkeitstypen:

1. Der Analytiker/Denker

Er ist sachlich, analytisch und zeigt großes Interesse an der Aufgabe. Sein Arbeitsstil zeichnet sich durch Präzision und Klarheit aus. Er kann sehr ausdauernd und kontinuierlich an einer Aufgabe arbeiten. Veränderungen empfindet er eher als störend. Er spricht ungern über persönliche Dinge und legt keinen großen Wert auf Geselligkeit. Von seiner Führungskraft wünscht sich der Analytiker klare Anweisungen und Instruktionen und die Zeit, ihm auch differenzierte Fragen ausführlich zu beantworten.

2. Der Macher/Umsetzer

Er besitzt ein hohes Selbstvertrauen und liebt die Herausforderung und Veränderung. Aufgrund seiner hohen Handlungsbereitschaft und -orientierung investiert er viel Zeit in seine Arbeit. Er sagt gerne, was zu tun ist, und will am liebsten jede Minute produktiv nutzen. Sein Motto lautet: „Nicht reden, handeln!". Er kann andere zum Handeln antreiben und etwas bewegen. Der Macher wünscht sich von seiner Führungskraft direkte Ansprache ohne Umschweife und eine Unterweisung, die sich auf das Wesentliche konzentriert und nicht auf Einzelheiten. Er beansprucht einen gewissen Gestaltungs- und Entscheidungsraum für sich.

3. Der Expressive/Überzeuger

Er arbeitet gerne mit anderen Menschen zusammen und will diese überzeugen und für seine Ideen gewinnen. Er legt großen Wert darauf, akzeptiert zu werden und bei seinen Kollegen beliebt zu sein. In Gesellschaft fühlt er sich wohl und braucht sie auch. Der Expressive strahlt Optimismus aus und hat die Fähigkeit, andere zu motivieren und zu begeistern. Er probiert gerne neue und unkonventionelle Methoden aus. Beständigkeit, Ausdauer und Konzentration gehören nicht so sehr zu seinen Stärken. Von seiner Führungskraft wünscht sich dieser Typ direkte Ansprache, die sein Interesse an Menschen berücksichtigt (nicht nur Was, sondern auch Wer). Es ist wichtig, seine Energie und sein Engagement zu kanalisieren, zu strukturieren und auf das Ziel auszurichten. Dem Expressiven können gut Aufgaben zugewiesen werden, die eine hohe Kontaktorientierung und Verhandlungsgeschick erfordern.

4. Der Kümmerer/Teamplayer

Er ist nachdenklich, handelt besonnen und überlegt. Persönliche Beziehungen sind ihm wichtig. Er ist gerne Teil eines Teams und setzt sich für ein „gemeinsames Erreichen" und für die gute Stimmung im Team ein. Er ist sensibel und nimmt viel Rücksicht auf die Bedürfnisse anderer. Dieser Typ bevorzugt eine ruhige und entspannte Arbeitsatmosphäre und legt mehr Wert auf die Verbesserung von Bestehendem als auf die Einführung von Neuem. Von seiner Führungskraft wünscht sich der Kümmerer die Berücksichtigung seines Interesses an Menschen und eine harmonische Arbeitsatmosphäre. Die Zeit für An- und Aussprache ist ein wichtiges Element seiner Arbeit. Sie brauchen diesen Typ in Ihrem Team, da er wesentlich für ein konfliktfreies Arbeitsklima sorgt.

Der Mischtyp: Der Kreative

Er ist ideen- und konzeptorientiert und besitzt eine hohe Einsatzbereitschaft. Jedoch agiert er dabei weniger nach Richtlinien. Seine unkonventionellen

Umgangsformen können auf sein Gegenüber leicht grob wirken. Er denkt gerne abstrakt, verliert sich hierbei jedoch zum Teil in Tagträumen. Stabilität, Konstanz und die Umsetzung seiner Ideen gehören nicht zu seinen Stärken. Das überlässt er lieber anderen und sucht selbst schnell wieder nach neuen spannenden Möglichkeiten. Dieser Typ wünscht sich von seiner Führungskraft einen gewissen Freiraum, um seine Kreativität ausleben zu können. Anregend sind für ihn Fragen, die den Prozess und die Kreativität (Was und Wie) in den Mittelpunkt stellen.

Worauf Sie bei der Teamzusammenstellung achten sollten

Wenn Sie ein Team zusammensetzen, sollten Sie auf eine gute Mischung der verschiedenen Typen achten. Für den Erfolg Ihres Teams brauchen Sie:

- einen Macher, der Dinge vorantreibt und nach dem Machbaren sucht;
- einen Expressiven, der Kontakt nach außen aufnimmt und Teamlösungen „verkauft" bzw. Neues ins Team bringt;
- einen Kümmerer, der sich sensibel um die gute Stimmung im Team kümmert und bei Spannungen vermittelt;
- einen Analytiker, der Dinge durchdringt, Lösungen produziert, Konstanz zeigt und auf Qualität achtet.
- Ein ausgesprochen kreatives Teammitglied brauchen Sie nur, wenn es die Aufgabe erfordert.

Die Phasen der Teamentwicklung

Sie können nicht von Anfang an eine konstruktive und erfolgreiche Zusammenarbeit von Ihrem Team erwarten. Ihr Team muss sich erst entwickeln, indem es mehrere Phasen durchläuft. Wenn Sie die Phasen der Teamentwicklung kennen, sind Sie in der Lage, den Teamentwicklungsprozess bewusst zu steuern.

Phase 1: Testphase

In der ersten Phase der Teamentwicklung versucht zunächst jedes einzelne Mitglied, seine Position in der Gruppe zu finden. Es besteht eine hohe Sensibilität für verbale und nonverbale Signale, um sich die Fragen beantworten zu können: „Mit wem habe ich es hier zu tun?", „In welcher Beziehung stehe ich zu der Gruppe?". Die Testphase endet dann, wenn jedes Mitglied eine Aussage darüber treffen kann, wie es seine Rolle im Team sieht. Die Beziehungen untereinander bleiben noch relativ oberflächlich.

Phase 2: Nahkampfphase

In der zweiten Phase im Prozess der Teamentwicklung bauen die Mitglieder Beziehungen zueinander auf. Im Vordergrund steht die Frage: „Wer hat hier welche Macht und welchen Einfluss?". In dieser Phase wird das Verhalten des Teamleiters, also Ihr Verhalten, kritisch beobachtet und bewertet. Sie müssen Ihre Führungsrolle jetzt durchsetzen. Gelingt Ihnen das nicht, findet das Team Mittel und Wege, Sie zu unterlaufen, und es etabliert sich ein informeller Führer, nach dem sich das Team ausrichtet.

In dieser Phase muss die Gruppe entscheiden, wie sie zusammenarbeiten möchte. Folgende Fragen müssen geklärt werden:

- Wer übt die Kontrollfunktion aus?
- Wie werden Kontrollfunktionen ausgeübt?
- Was geschieht, wenn jemand gegen die Gruppenregeln verstößt?

Es ist wichtig, dass die Gruppe bezüglich der Frage der Kontrolle zu einer befriedigenden und von allen Mitgliedern akzeptierten Antwort findet. Wird die Machtfrage nicht geklärt, herrscht Konkurrenz im Team. Dies kann die weitere Entwicklung des Teams behindern oder sogar verhindern.

Phase 3: Organisationsphase

In der Phase der Teamarbeit, der Organisationsphase, wollen die Mitglieder miteinander arbeiten. Sie sind daran interessiert, die Gruppe funktionsfähig zu machen und Leistung zu erzielen. Die Qualität der Gruppe wird an der Exaktheit der Arbeit gemessen und bewertet. Die Leistungen des Einzelnen werden diskutiert. Des Weiteren hören sich die Mitglieder besser zu und fangen an, die Leistung untereinander zu honorieren. Es entwickelt sich eine Ökonomie bei der Planung und Ausführung der Arbeit.

In dieser Phase muss die Gruppe lernen, mit Problemen kreativ, flexibel und effektiv umzugehen. Das Verständnis zwischen den Mitgliedern muss wachsen und sie müssen Lösungsstrategien für schwierige Situationen und nicht vorhersehbare Probleme erarbeiten.

Phase 4: Verschmelzungsphase

In der vierten und letzten Phase der Teamentwicklung zeigt sich die zu einem Team gereifte Gruppe als geschlossene Einheit. Die Mitglieder pflegen engen Kontakt zueinander und setzen sich füreinander ein. Diese Verschmelzungsphase ist durch den zwanglosen und vertrauten Umgang miteinander gekennzeichnet. Die Funktionen und Rollen der einzelnen Gruppenmitglieder sind klar festgelegt. Das Team ist in der Lage, sich mit seiner Aufgabe und Positionierung innerhalb der Gesamtorganisation auseinander zu setzen. Der Kontakt und Austausch mit anderen Teams im Unternehmen wird gesucht und gepflegt.

So steuern Sie den Entwicklungsprozess im Team

Nachdem Sie nun die einzelnen Phasen der Teamentwicklung kennen, können Sie den Entwicklungsprozess besser steuern und unterstützen. Sie können die Entwicklung Ihres Teams aktiv durch Ihr Führungsverhalten und Ihren Führungsstil unterstützen.

Die zentrale Frage ist, wie viel unterstützendes, helfendes und einbeziehendes Verhalten bzw. wie viel anspornendes, steuerndes und ausrichtendes Führungsverhalten in welcher Phase der Teamentwicklung von Ihrer Seite aus erforderlich ist. Der Umfang, in dem Sie Ihre Mitarbeiter in den einzelnen Entwicklungsphasen unterstützen und steuern müssen, bestimmt Ihren Führungsstil.

Teamförderung in der Testphase

In der Testphase müssen Sie das Team erst einmal lenken. Sie geben als Führungskraft genaue Anweisungen (was, wie, bis wann) und kontrollieren in kurzen Abständen die Arbeitsergebnisse der einzelnen Mitarbeiter und des gesamten Teams. Agieren Sie stark strukturierend, kontrollierend und supervidierend, um jedem Einzelnen zu helfen, Beziehungen, Rollen, Aufgaben usw. zu finden. Damit geben Sie den Teammitgliedern die erforderliche Sicherheit und Orientierung. Arbeitsbereiche, Aufgaben und Erwartungen an Arbeitsergebnisse sollten in dieser Phase eindeutig definiert und klar zugeteilt sein.

Teamförderung in der Nahkampfphase

Trainieren heißt, dass Sie Ihre Mitarbeiter qualifizieren, gleichzeitig aber einen klaren Rahmen und klare Ziele vorgeben. Sie sollten Entscheidungen stärker erklären als in der ersten Phase und auch anfangen, das Team in die Klärung bestimmter Fragen einzubeziehen. Trainieren Sie die Teammitglieder in der Entscheidungsfindung, aber greifen Sie noch dirigierend in den Entscheidungsprozess ein, um den Kampf um Macht, Einfluss und Kompetenz kontrollieren zu können. Achten Sie darauf, gerecht, aber sehr klar zu agieren – in dieser Phase geht es auch um Ihre Positionierung als Führungskraft.

Teamförderung in der Organisationsphase

In der dritten Phase ist das Team leistungsbereit und muss die eigenen Kompetenzen weiterentwickeln und lernen, die vorhandenen Stärken optimal einzusetzen. Teilen Sie Ihre Ideen und Vorstellungen mit und ermutigen Sie die Mitarbeiter dazu, selbst Entscheidungen zu treffen. Wichtig ist es jetzt, das Engagement des Teams anzuerkennen, ihm als Ganzem zuzuhören und ihm Raum für eigenständiges Handeln zu geben. Fördern Sie das Bemühen um Wachstum im Team.

Teamförderung in der Verschmelzungsphase

In der vierten Phase schließlich ist das Team dazu qualifiziert, die Verantwortung für Entscheidungen und deren Durchführung zu übernehmen. Die Aufgabe der Führungskraft ist hier also Loslassen, Verantwortung übertragen und selbstständig arbeiten lassen.

Anhand der nachfolgenden Checkliste können Sie überprüfen, wie weit das Kommunikationsverhalten Ihres Teams entwickelt ist und wo sich noch Ansatzpunkte für Verbesserungen zeigen.

Checkliste: So verbessern Sie das Kommunikationsverhalten im Team	
Andere werden nicht andauernd unterbrochen.	
„Verstehen" und das Bemühen darum steht im Vordergrund, nicht die eigene Meinung.	
Es wird nachgefragt, um den anderen richtig zu verstehen.	
Informationen und Erklärungen werden für alle verständlich formuliert.	
Meinungen werden in Ich-Botschaften ausgetauscht.	
Die konstruktive Diskussion und das Ringen um die beste Lösung stehen im Vordergrund.	
Es wird nach Chancen gesucht, nicht nach Problemen.	
Lösungen, nicht Schuld stehen im Vordergrund.	
Es werden Beispiele, Bilder, persönliche Erlebnisse benutzt, um Inhalte zu erklären.	

Verbale und nonverbale Kommunikation sind stimmig.	
Die Aufnahmefähigkeit des Gesprächspartners wird nicht durch Monologe überfordert.	
Meinungen werden durch Argumente veranschaulicht.	
Es wird nachgefragt, wenn etwas nicht verstanden worden ist.	
Ein roter Faden wird eingehalten.	
Wichtige Punkte werden nochmals zusammengefasst.	
Bei Fehlern wird nach Möglichkeiten der Verbesserung und der zukünftigen Fehlervermeidung gesucht.	
Bei guter und schlechter Leistung geben sich die Teammitglieder gegenseitig konstruktives Feedback.	
Konflikte werden angesprochen und gelöst.	

Ein Team zu motivieren bedeutet, die Mitglieder hinsichtlich ihrer individuellen Bedürfnisse und hinsichtlich der generellen Bedürfnisse des Teams zu motivieren. Wie Sie dabei im Einzelnen vorgehen, zeigt die folgende Checkliste:

Checkliste: So stärken Sie die Motivation in Ihrem Team	
Stärken Sie das Zusammengehörigkeitsgefühl in Ihrem Team und ermutigen Sie Ihre Mitarbeiter zu gegenseitiger Unterstützung.	
Behandeln Sie Ihre Mitarbeiter fair.	
Beziehen Sie alle Mitarbeiter in wichtige Entscheidungen ein.	
Achten Sie auf angemessene Anerkennung und Kritik für alle.	
Fördern und stärken Sie die Kommunikation in Ihrem Team.	
Seien Sie erreichbar und ansprechbar für Fragen und Probleme Ihrer Mitarbeiter.	

Vermeiden Sie Reibungspunkte. Mitarbeiter, die sich nicht verstehen, sollten auch nicht zusammenarbeiten müssen.	
Setzen und kommunizieren Sie Teamziele und rücken Sie die Ziele in den Mittelpunkt.	
Leiten Sie die Ziele des Einzelnen aus den Teamzielen ab, wobei die Abhängigkeit und Verbindung klar erkennbar sein muss.	
Ermöglichen Sie Ihren Mitarbeitern persönliches Wachstum und Weiterentwicklung.	
Schaffen Sie ein positives Arbeitsumfeld (Räumlichkeiten, Technik, kleine Extras etc.).	

4 Mitarbeitermotivation

Um Ihre Mitarbeiter erfolgreich und nachhaltig zu motivieren, müssen Sie die besonderen Bedürfnisse Ihrer Mitarbeiter kennen. In diesem Kapitel lernen Sie ein praktikables Modell kennen, das Ihnen hilft, die unterschiedlichen Motivationen Ihrer Mitarbeiter zu erkennen und zu verstehen. Es bietet die Orientierung an drei zentralen Motivationen, die im beruflichen Alltag eine wichtige Rolle spielen:

- Anschluss,
- Leistung und
- Macht.

Technik 1: Anschlussmotivierte Mitarbeiter fördern

Woran erkennen Sie, ob Ihre Mitarbeiter anschlussmotiviert sind? Das ist eine Frage, die Sie sich selbst mithilfe der folgenden Checkliste beantworten können. Gibt es einen Mitarbeiter in Ihrem Team, der Ihnen schon einmal dadurch aufgefallen ist, dass er sich den anderen gegenüber besonders fürsorglich und verständnisvoll benimmt? Mithilfe der folgenden Checkliste lässt sich das Verhalten eines anschlussmotivierten Mitarbeiters beschreiben.

Checkliste: Ist Ihr Mitarbeiter anschlussmotiviert?	
Sie/Er bezieht andere ein.	
Sie/Er kümmert sich um andere.	
Sie/Er übernimmt zwischenmenschliche Organisationsaufgaben (z. B. Planung der nächsten Weihnachtsfeier).	
Sie/Er beklagt sich gelegentlich darüber, "immer für alle da sein zu müssen".	
Sie/Er engagiert sich für andere.	

Sie/Er kommuniziert offen.	
Sie/Er verpflichtet sich zwischenmenschlich.	
Sie/Er ist empathisch und uneigennützig.	
Sie/Er ist sicherheitsbedürftig.	
Sie/Er agiert hilfsbereit und unterstützend.	
Sie/Er ist sensibel.	
Sie/Er ist harmoniebedürftig.	
Sie/Er arbeitet gerne im Team.	
Sie/Er besitzt ein ausgeprägtes Gerechtigkeitsgefühl.	
Sie/Er freut sich über persönliche Ansprache.	
Sie/Er benötigt nach Konflikten eine Aussprache.	

Was können Sie tun, um anschlussorientierte Mitarbeiter zu motivieren?

Führen Sie sich das oben beschriebene Verhalten Ihrer anschlussmotivierten Mitarbeiter vor Augen, dann finden Sie sicher leicht eine Antwort auf Ihre Frage und können sich eine konkrete „To-do-Liste" erstellen. Aus der Anschlussorientierung dieser Mitarbeiter können Sie sofort schließen, dass Sie für diese Mitarbeiter zunächst einmal viel Zeit brauchen, um das vorherrschende Bedürfnis nach persönlichem Kontakt zu befriedigen. Des Weiteren sollten Sie wissen, dass diese Mitarbeiter sich stark an Ihrem Verhalten als Führungskraft orientieren. Sie sind das Vorbild für Faktoren wie Authentizität und Gerechtigkeit. Ihre anschlussmotivierten Mitarbeiter möchten sich auf Spielregeln, Regularien der Organisation und des gemeinschaftlichen Zusammenlebens verlassen können. Nutzen Sie die Kontaktfreude dieser Mitarbeiter und übertragen Sie ihnen eine „lehrende" Funktion (Ausbilder, Einar-

beitung neuer Mitarbeiter usw.). Für das Gemeinschaftsverständnis und
-empfinden Ihrer anschlussmotivierten Mitarbeiter sind betriebliche Fei-
ern von hoher Wichtigkeit.

Checkliste: So motivieren Sie anschlussorientierte Mitarbeiter	
Integrieren Sie sie/ihn in ein Team.	
Lassen Sie sie/ihn häufig mit anderen zusammenarbeiten.	
Übertragen Sie ihr/ihm integrative Aufgaben.	
Übertragen Sie ihr/ihm kommunikative Aufgaben.	
Geben Sie ihr/ihm viel Anerkennung.	
Bieten Sie ein gutes (harmonisches) Arbeitsklima.	
Übertragen Sie ihr/ihm die Verantwortung für gemeinsame Aktivitäten.	
Übertragen Sie ihr/ihm soziale Verantwortung in der Abteilung.	
Übertragen Sie ihr/ihm Mentoren-, Ausbildungs- und Betreuungsaufga- ben.	
Sprechen Sie sie/ihn häufiger an, suchen Sie das Gespräch und den Aus- tausch mit ihr/ihm.	
Integrieren Sie sie/ihn in ein Team.	

Die Checkliste auf der folgenden Seite fasst für Sie alle wichtigen Punkte, die
Sie bei der Führung anschlussmotivierter Mitarbeiter beachten müssen, noch
einmal kurz zusammen.

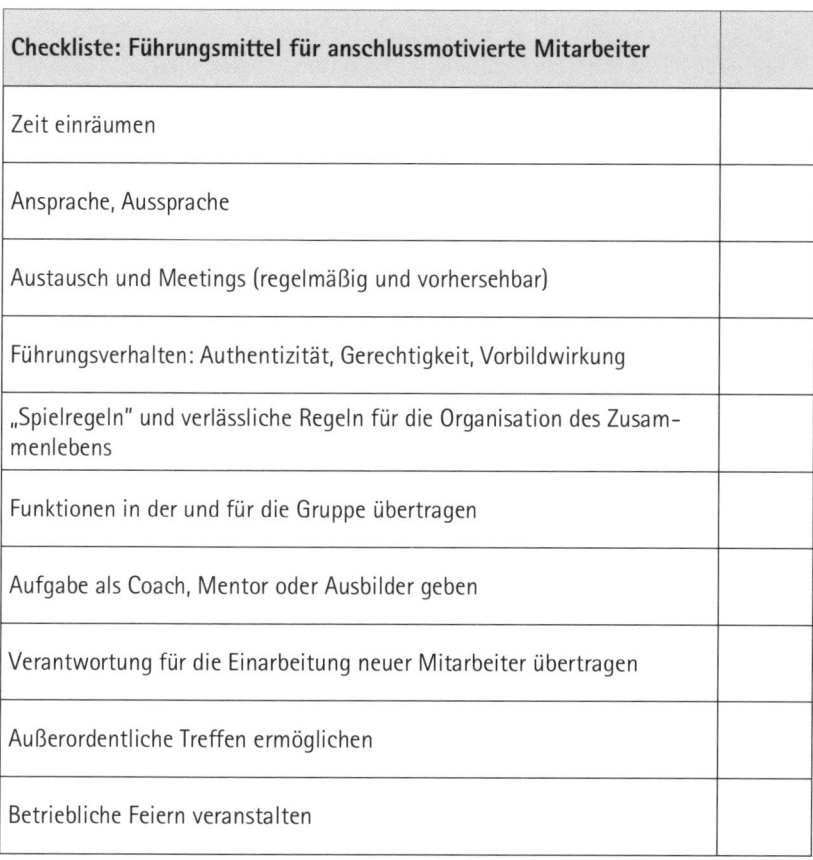

Checkliste: Führungsmittel für anschlussmotivierte Mitarbeiter	
Zeit einräumen	
Ansprache, Aussprache	
Austausch und Meetings (regelmäßig und vorhersehbar)	
Führungsverhalten: Authentizität, Gerechtigkeit, Vorbildwirkung	
„Spielregeln" und verlässliche Regeln für die Organisation des Zusammenlebens	
Funktionen in der und für die Gruppe übertragen	
Aufgabe als Coach, Mentor oder Ausbilder geben	
Verantwortung für die Einarbeitung neuer Mitarbeiter übertragen	
Außerordentliche Treffen ermöglichen	
Betriebliche Feiern veranstalten	

CD-ROM

Technik 2: Leistungsmotivierte Mitarbeiter fördern

Woran erkennen Sie, ob Ihre Mitarbeiter leistungsmotiviert sind? Beantworten Sie sich auch diese Frage mithilfe der folgenden Checkliste selbst, indem Sie sich einen Ihrer Mitarbeiter vorstellen, der Ihnen durch seinen Ehrgeiz und durch seine Freude am Wettbewerb aufgefallen ist.

Checkliste: Ist Ihr Mitarbeiter leistungsmotiviert?	
Sie/Er zeigt Freude an der eigenen Leistung.	
Sie/Er möchte die eigene Leistung ständig optimieren.	
Sie/Er misst sich gerne mit anderen.	
Sie/Er möchte die Leistung des Unternehmens steigern.	
Sie/Er plant ihre/seine Vorgehensweise.	
Sie/Er legt großen Wert auf Qualität.	
Sie/Er lässt sich gerne herausfordern.	
Sie/Er ist zielorientiert.	
Sie/Er hat Spaß daran, etwas zu entwickeln.	
Sie/Er vertieft sich in Konzeptionsaufgaben.	
Sie/Er braucht Raum, um sich zu entfalten.	

Was können Sie tun, um leistungsorientierte Mitarbeiter zu motivieren? Führen Sie sich das oben beschriebene Verhalten Ihrer leistungsmotivierten Mitarbeiter vor Augen, dann finden Sie sicher leicht eine Antwort auf Ihre Frage und können sich eine konkrete „To-do-Liste" erstellen.

Die folgende Checkliste fasst für Sie alle wichtigen Punkte, die Sie bei der Führung leistungsmotivierter Mitarbeitern beachten müssen, noch einmal kurz zusammen.

Checkliste: So motivieren Sie leistungsorientierte Mitarbeiter		 CD-ROM
Übertragen Sie ihr/ihm Aufgaben mit messbaren Ergebnissen.		
Ermöglichen Sie ihr/ihm Erfolgserlebnisse.		
Sprechen Sie Ihre Anerkennung (für ihre/seine Leistung) offen aus.		
Bieten Sie ihr/ihm Herausforderungen an.		
Bekunden Sie Ihr Interesse für ihre/seine geleistete Arbeit.		
Übertragen Sie ihr/ihm fachliche Verantwortung.		
Fördern Sie den positiven internen Wettbewerb unter diesen Mitarbeitern.		
Übergeben Sie ihr/ihm strukturierte Projekte.		
Lassen Sie ihr/ihm Freiraum bei der Aufgabenrealisierung.		
Geben Sie klare Ziele vor oder vereinbaren Sie diese.		
Haben Sie ein offenes Ohr für Ideen dieser Mitarbeiter.		
Teilen Sie ihr/ihm neue und komplexe Aufgaben zu.		
Geben Sie ihr/ihm zeitliche Begrenzungen vor.		
Übertragen Sie ihr/ihm Aufgaben mit messbaren Ergebnissen.		

Was sollten Sie bei der Führung leistungsmotivierter Mitarbeiter beachten?

Das Schlüsselwort für die Führung Ihrer Leistungsmotivierten Mitarbeiter heißt „Ziele". Denn Ziele haben eine strukturierende Wirkung und machen Erfolge messbar. Es gilt, die Zielerreichung durch Lob und Belohnung anzuerkennen. Des Weiteren sollten Sie diesen Mitarbeitern duch den Wettbewerb und den Vergleich mit ihren Kollegen die freie Entfaltung ihrer Leistungsmotivation ermöglichen. Anhand des Verhaltens leistungsorientierter Mitarbeiter ist klar abzuleseen, dass sie ergebnisorientiert zu führen sind, das heißt, dass die übertragenen Aufgaben klar strukturiert sein sollten. Eines der wirksamsten Führungsinstrumente für diese Gruppe von Mitarbeitern ist daher das Projekt. Projekte machen Leistung erfassbar und messbar, sind in der Regel herausfordernd und bieten meistens ein nicht zu unterschützendes Lernpotential.

Die folgende Checkliste fasst alle wichtigen Punkte, die Sie bei der Führung leistungsorientierter Mitarbeiter beachten müssen, noch einmal kurz zusammen.

Checkliste: Führungsmittel für leistungsmotivierte Mitarbeiter	
Ziele vereinbaren	
Erfolge messbar machen	
Struktur geben und damit Vorhersehbarkeit erhöhen	
Planung, Organisation und Gliederung der Aufgaben in Teilschritte	
Vergleiche schaffen, Wettbewerbe ermöglichen, Benchmarking	
Lob oder Belohnung im Anschluss an die Zielerreichung	
Herausforderungen schaffen	
Aufgaben mit Lernpotenzial	
Zeit, Instrumente und Methoden zur Aufgabenklärung	
Gut angelegtes Projekt als ideale Arbeitsform	

Technik 3: Mit machtmotivierten Mitarbeitern umgehen

Woran erkennen Sie, ob Ihr Mitarbeiter machtmotiviert ist? Beantworten Sie sich auch diese Frage mithilfe der folgenden Checkliste selbst, indem Sie sich einen Ihrer Mitarbeiter vorstellen, der Ihnen dadurch aufgefallen ist, dass er sich gerne in den Vordergrund bringt und ein besonderes Interesse daran hat, eine Position einzunehmen, die mit einem gewissen Status verbunden ist. Die zentral motivierende Kraft ist für diese Mitarbeiter der Wille, ein Mitsprache- und Vorgaberecht zu erhalten. Die machtmotivierte Grundorientierung können Sie sich mit dem folgenden Satz gut zusammenfassen und merken: Es ist nicht so wichtig, was wir hier tun. Hauptsache, ich habe wesentlichen Einfluss auf die Regeln.

Checkliste: Ist Ihr Mitarbeiter machtmotiviert?	
Sie/Er legt Wert auf einen guten Ruf.	
Sie/Er übernimmt bereitwillig Verantwortung.	
Sie/Er ist pflichtbewusst.	
Sie/Er regt Veränderungen an.	
Sie/Er gestaltet gerne.	
Sie/Er genießt Freiraum.	
Sie/Er benötigt Statussymbole.	
Sie/Er ist nutzenorientiert.	
Sie/Er legt Wert auf die eigene Meinung.	
Sie/Er bringt sich oft und gerne ein.	
Sie/Er versucht, andere zu überzeugen.	

Sie/Er beweist Durchhaltevermögen.	
Sie/Er ist beständig.	
Sie/Er braucht Perspektiven.	
Sie/Er sucht sich einen eigenen Weg.	
Sie/Er will "nach vorne".	

Was können Sie tun, um machtorientierte Mitarbeiter zu motivieren? Führen Sie sich das oben beschriebene Verhalten Ihrer machtmotivierten Mitarbeiter vor Augen, dann finden Sie sicher leicht eine Antwort auf Ihre Frage und können sich eine konkrete „To-do-Liste" erstellen.

Checkliste: So motivieren Sie machtorientierte Mitarbeiter	
Bieten Sie ihr/ihm die Möglichkeit, in der "Öffentlichkeit" zu stehen.	
Übertragen Sie ihr/ihm Aufgaben mit erkennbarem Nutzen.	
Übertragen Sie ihr/ihm Stellvertretungen.	
Stellen Sie ihr/ihm selbst zu verantwortende Ressourcen zur Aufgabenerfüllung bereit.	
Übertragen Sie ihr/ihm Entscheidungsfreiheit.	
Übertragen Sie ihr/ihm Steuerungs- und Controllingaufgaben.	
Delegieren Sie selbstständig zu übernehmende Aufgabenpakete.	
Zeigen Sie Vertrauen in die vorhandenen Fähigkeiten.	
Steuern Sie sie/ihn weniger.	
Übertragen Sie ihr/ihm die Verantwortung für Ergebnisse.	

Ermöglichen Sie ihr/ihm selbstständiges Arbeiten.	
Fordern Sie Einsatzbereitschaft von ihr/ihm.	
Übertragen Sie ihr/ihm Aufgaben, die Überzeugungsarbeit benötigen.	
Bieten Sie ihr/ihm die Möglichkeit, in der "Öffentlichkeit" zu stehen.	
Übertragen Sie ihr/ihm Aufgaben mit erkennbarem Nutzen.	
Übertragen Sie ihr/ihm Stellvertretungen.	
Stellen Sie ihr/ihm selbst zu verantwortende Ressourcen zur Aufgabenerfüllung bereit.	
Übertragen Sie ihr/ihm Entscheidungsfreiheit.	

Was sollten Sie bei der Führung machtmotivierter Mitarbeiter beachten?

Übertragen Sie diesen Mitarbeitern Verantwortung für einzelne Aufgaben- oder Tätigkeitsbereiche. Sie sollten sie einbeziehen, in die Pflicht nehmen und – wie die leistungsorientierten Mitarbeiter – an den Resultanten ihres Handelns messen.

Aus dem Verhalten Ihrer machtmotivierten Mitarbeiter geht hervor, dass sie anfällig für Status und Prestige sind. Geben Sie ihnen also die Möglichkeit, sich aus der „Masse" hervorzuheben. Allerdings sollten Sie hierbei immer darauf achten, dieser Hervorhebung auch klare Grenzen zu setzen. Aufgrund des Machtmotivs streben diese Mitarbeiter es unter Umständen auch an, einmal Ihre Position zu übernehmen. Sie sollten also immer darauf achten, dass Sie ihnen in Ihrer Funktion einen Nutzen bieten. Wichtig ist es für diese Mitarbeiter auch, Freiraum und Perspektive zu haben sowie selbst gestalten zu können. Suchen Sie gemeinsam mit Ihren Mitarbeitern nach Entwicklungsmöglichkeiten.

Die folgende Checkliste fasst alle wichtigen Punkte, die Sie bei der Führung machtmotivierter Mitarbeiter beachten sollten, noch einmal kurz zusammen.

Checkliste: Führungsmittel für machtmotivierte Mitarbeiter	
Verantwortung übergeben	
In Führungsaufgaben einbeziehen	
In die Pflicht nehmen	
An den Resultaten ihres Handelns messen	
Für Status und Prestige sorgen, aus der Masse herausheben	
Grenzen aufzeigen	
Nutzen bieten	
Freiraum geben	
Perspektiven geben	
Gestalten lassen	

5 Problemanalyse

Im Gesamtprozess Ihres Führungshandelns gehört die Problembeschreibung und -analyse zu den wesentlichen Aufgaben. Häufig stehen Sie in Ihrem betrieblichen Alltag vor Problemstellungen, die in ihrer Komplexität, ihrem Umfang und in ihren Auswirkungen nicht in vollem Umfang bekannt sind. Andere Probleme wiederum lassen sich nicht bewältigen, da sie unklar definiert sind. Schnelles und häufig unkoordiniertes „Ad-hoc"-Handeln wird kaum die richtige Lösung bringen. Vor solchen kurzfristigen „Scheinlösungen" sollten Sie sich im eigenen Interesse als Führungskraft schützen, denn die Folgen liegen auf der Hand: ständiges Nachkorrigieren, erhöhte Kosten und wachsende Unzufriedenheit über ein Problem, das immer und immer wieder Ressourcen und Aufmerksamkeit beansprucht. Aus diesem Grund zahlt sich die Zeit, die Sie in eine vorgeschaltete Problemanalyse investieren, um ein Vielfaches wieder aus.

Vorteile der Situationsanalyse

- Arbeitssitzungen und Meetings werden auf diese Weise systematisch und effektiv gestaltet.
- Man erhält ein um die Analyseergebnisse erweitertes Grobkonzept.
- Die Ist-Situation wird konkret abgebildet, Ziele für das weitere Handeln werden leicht gefunden.
- Komplexere Sachverhalte können besser beurteilt und in überschaubare Komponenten zerteilt werden.
- Für Problembestandteile, Ursachen und Problem- wie Ursachenbehebung können Prioritäten gesetzt werden.
- Pläne können systematisch entwickelt werden.
- Die richtigen Werkzeuge zur Bewältigung des Problems können zielsicher ausgewählt werden.

Die verwendeten Methoden zur Problemanalyse müssen nicht aufwändig und kompliziert sein, sie sollen Sie und Ihr Team aber anleiten, eine gegebene Situation kritisch zu hinterfragen. Nachfolgend sind einige im betrieblichen Alltag sofort einsetzbare Methoden beschrieben, die Ihnen bei Ihrer individuellen Problemanalyse hilfreich sein können.

Technik 1: Die W-Fragen-Methode

W-Fragen ermöglichen eine differenzierte Betrachtung des Problems und geben die Gelegenheit, Einzelheiten zu hinterfragen und die Gesamtsituation in kleinere und konkrete Einzelteile zu zerlegen, für die sich dann leichter und schneller die richtigen Lösungen generieren lassen, als dies für eine komplexe Gesamtsituation möglich wäre.

Beispiel

Im Prozess der Rechnungserstellung haben sich in letzter Zeit Fehler gehäuft. Auf den ersten Blick ist es völlig unklar, wodurch der Fehler entsteht. Es ist nicht erkennbar, ob der Fehler im System oder im Kommunikationsprozess zu suchen ist. Fest steht allerdings, er muss schnellstens behoben werden, da es schon zu ersten Kundenbeschwerden gekommen ist.

So gehen Sie bei der Problemanalyse vor

Um das Problem und seine Ursachen zu klären, werden mit der W-Fragen-Methode so viele offene Fragen (W-Fragen) zum Problem formuliert wie möglich. Der Prozess des Fragenformulierens und -beantwortens wird so lange fortgeführt, bis sich die Situation klärt, Ursachen erkannt werden und Abhilfe geschaffen werden kann.

Notieren Sie sich sowohl die gestellten Fragen als auch die jeweiligen Antworten. Sie können zu neuen Anstößen führen oder im Team besprochen, weiterentwickelt und diskutiert werden.

Für die Analyse des Problems nehmen Sie eine Übersicht zuhilfe:

W-Fragen zur Fehleranalyse	Antwort
Was genau ist der Fehler?	
Wer ist von dem Fehler betroffen?	
Was kennzeichnet den Fehler?	
Wie wird der Fehler erkennbar?	
Wo tritt der Fehler auf?	

Was bewirkt der Fehler?	
Wann tritt der Fehler auf?	
Wann trat der Fehler zu ersten Mal auf?	
Was passiert genau, wenn der Fehler auftritt?	

Woraus, wovon, womit, wogegen, woher, wohin, woran und worin sind ebenfalls mögliche W-Fragen. Auch negative Frageformen sind gestattet und bringen Sie der Lösung näher, z. B.: „Wann tritt der Fehler nicht auf?" Stellen Sie lieber zu viele als zu wenig Fragen, auch wenn Sie nicht jede Frage der Lösung näher bringt. Dies bemerken Sie jedoch schnell, wenn Sie die Frage einmal gestellt und beantwortet haben.

Technik 2: Die Situationsanalyse

Eine Situationsanalyse ermöglicht es Ihnen, komplexe Situationen in überschaubare und besser zu bearbeitende Bereiche zu gliedern. Das Problem wird also ein- und abgegrenzt, Ursachen werden erkannt und klare Aufgabenstellungen herausgearbeitet. Die gebotene systematische Herangehensweise basiert ebenfalls auf Fragetechniken, bietet im Vergleich zur W-Fragen-Methode aber ein umfassenderes und strukturierteres Vorgehen.

Schritt 1: Problem beschreiben

Am Anfang steht eine erste Beschreibung des Problems. Sie hilft dabei, das Problem zu konkretisieren und mögliche Informationslücken aufzudecken. Die Beschreibung erfolgt anhand vorbereiteter Fragen, die der Reihe nach beantwortet werden.

CD-ROM

Beschreibung des Problems	Antwort
Was für ein Problem liegt vor?	
Wo liegt das Problem?	

Wann liegt es vor?	
In welchem Ausmaß liegt es vor (z. B. Anzahl der betroffenen Bereiche)?	
Welche Informationen fehlen noch, um das Problem vollständig bestimmen zu können?	
Wie gelange ich zu den notwendigen Informationen?	

Schritt 2: Problem konkretisieren

Im zweiten Schritt wird das Problem konkretisiert. Das Problem wird in seinem Ausmaß eingegrenzt und die aktuelle Situation hinsichtlich der Abweichung vom Idealzustand bestimmt (Ist-Soll-Vergleich). Das Problem wird in einzelne Bereiche aufgeteilt, für die Prioritäten bestimmt werden.

Konkretisierung des Problems	Antwort
Was IST das Problem? Was IST es NICHT?	
An welchen Stellen treten Abweichungen in der Aufgabenerfüllung auf?	
Wie groß sind die Abweichungen vom Idealzustand (IST-SOLL-Differenz)?	
Aus welchen verschiedenen Unterpunkten setzt sich das Problem zusammen?	
In welchen Bereichen äußert sich das Problem?	
Welche Priorität haben die einzelnen Problembereiche?	
In welchen Bereichen sollte sofort, bei welchen braucht nur mittel- oder langfristig gehandelt zu werden?	

Schritt 3: Verlauf des Problems hinterfragen

Im dritten Schritt wird die Geschichte des Problems betrachtet. Den Verlauf eines Problems zu hinterfragen ermöglicht es Ihnen, die jetzige Problemsituation besser einzuschätzen und weitere Entwicklungen vorherzusagen. Dabei ist folgendes Schema hilfreich:

Verlauf des Problems			
Wie war der bisherige Verlauf des Problems?			
Wann?/Was?	Wann?/Was?	Wann?/Was?	Wann?/Was?
Was wurde bisher zur Problembewältigung unternommen?			
Wann?/Was?	Wann?/Was?	Wann?/Was?	Wann?/Was?
Wie könnte sich das Problem in Zukunft weiterentwickeln?			
Wann?/Was?	Wann?/Was?	Wann?/Was?	Wann?/Was?

Schritt 4: Ursache des Problems aufdecken

Darauf aufbauend wird schließlich die Ursache des Problems erschlossen. Die Quelle des Problems wird durch ein systematisches Eingrenzen des Untersuchungsbereichs gesucht. Wenn Sie die Ursache des Problems kennen, ist es leichter, Maßnahmen zur Behebung des Problems zu treffen. Um die Ursache eines Problems herauszufinden, ist es hilfreich, wenn Sie sich folgende Fragen stellen:

Ursachen des Problems			
Liegen die Ursachen des Problems innerhalb des Systems (in meinem Unternehmen/in der Abteilung) oder liegen sie außerhalb (in Rahmenbedingungen, Marktentwicklung etc.)?			
Umwelt	Unternehmen	Bereich bzw. Abteilung	Gruppe/Team
Woran könnte es liegen, dass das Problem gerade an dieser Stelle auftritt?			
An welcher Stelle im System traten zum ersten Mal Probleme auf, die nicht durch vorgelagerte Bereiche erklärt werden können?			

Schritt 5: Problem bewerten

Zum Schluss wird das Problem selbst bewertet. Es wird abgeschätzt, welche Dringlichkeit besteht, das Problem zu lösen. Damit kann die Wichtigkeit und der Handlungsbedarf des Problems eingeschätzt werden. In diesem Zusammenhang sollten Sie die folgenden Fragen beantworten:

Problembewertung
Welche Konsequenzen sind mit dem Problem verbunden?
Welche Bedeutung haben die Konsequenzen für die Zukunft?
Wie wahrscheinlich ist es, dass die Konsequenzen eintreten?

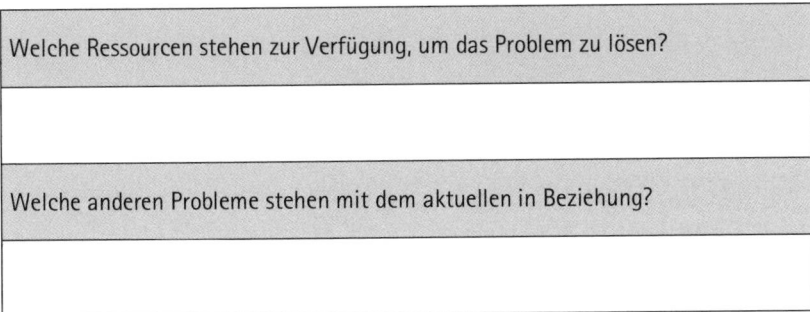

Welche Ressourcen stehen zur Verfügung, um das Problem zu lösen?
Welche anderen Probleme stehen mit dem aktuellen in Beziehung?

Tipp

Häufig ist es hilfreich, wenn Sie eine Situation grafisch bzw. bildlich darstellen. Die bildliche Aufbereitung ermöglicht es Ihnen, Zusammenhänge, Abhängigkeiten und Vernetzungen schneller zu erkennen, woraus sich nicht selten neue Lösungsansätze ergeben. Hierfür können Sie z. B. ein Mindmap nutzen.

Technik 3: Der Problemanalysebaum

Der Problemanalysebaum wird eingesetzt, um einen klaren und differenzierten Überblick über die gesamte problematische Situation zu erhalten. Dabei wird die Ausgangssituation in mehreren Schritten immer weiter in ihre einzelnen Bestandteile heruntergebrochen und differenziert. Die Bestandteile der Situation, die als ausschlaggebend für das Problem erachtet werden, können jetzt gezielt bearbeitet werden.

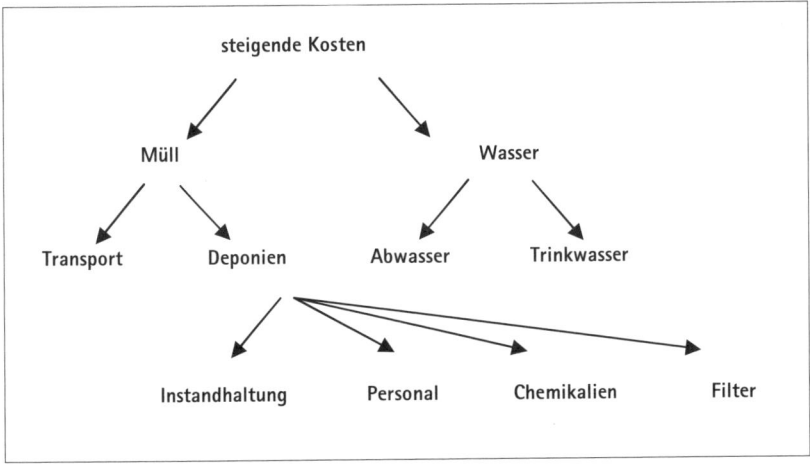

Abb.: Der Problemanalysebaum

Technik 4: Fischgrätendiagramm

Das Fischgrätendiagramm ist ein Ursache-Wirkungs-Diagramm. Es dient dazu, systematisch die Ursachen eines Problems zu finden und zu visualisieren.

So gehen Sie vor

Schritt 1   Zunächst wird das Problem bestimmt und als Problem-Ast visualisiert.

Schritt 2   Dann werden die Kriterien des Problems festgelegt und als Verzweigungen vom Problem-Ast aufgezeichnet.

Schritt 3   Anschließend werden zu den einzelnen Kriterien die Haupt- und Nebenursachen des Problems gesucht und um die dazugehörigen Kriterien gruppiert.

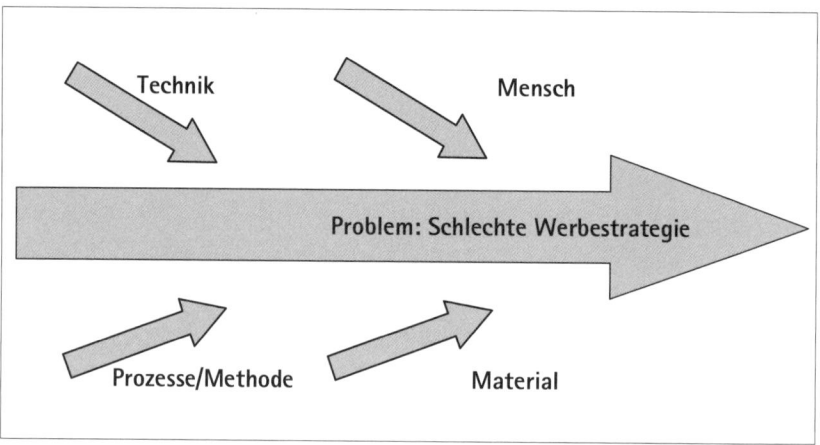

Abb.: Das Fischgrätendiagramm

6 Kreativitätstechniken

Als Führungskraft sind Sie gefordert, Ihr Mitarbeiterteam auf den richtigen Weg zu führen und auch im Kollegenkreis die entsprechenden Impulse zu setzen. Die drei in diesem Kapitel vorgestellten Kreativitätstechniken können Sie sowohl in Ihren Team-Meetings als auch in Workshops nutzen, um Lösungen für aktuelle Fragen zielgerichtet zu generieren. Dabei sollten Sie immer bedenken, dass gute Ideen nur aufkommen, wenn …

1. man ihnen Zeit lässt.

   Wirklich kreative Arbeit ist nicht zu beschleunigen. Es nutzt also nichts, für wirklich kreative Aufgaben einen zu eng begrenzten Zeitraum zu reservieren.

2. man ihnen Raum gibt.

   Räume und Umgebung können Gedanken anregen oder abblocken. Stille, Ruhe und Rückzug helfen im Allgemeinen. Manchmal ist es einfach der Spaziergang im Wald.

3. man sie zulässt, ohne sie direkt zu bewerten.

   Trennen Sie Ideengenerierung und Bewertung strikt voneinander.

Technik 1: Das Brainstorming

Der Kerngedanke des Brainstormings ist die zunächst wertungsfreie Sammlung von Ideen. Wertungsfrei bedeutet in diesem Fall, dass alles an Einfällen erlaubt und gewünscht ist, denn im Brainstormingprozess steht Quantität vor Qualität. Bedenken Sie auch, dass es einem oft leichter fällt, eine Idee abzuwandeln als sie zu entwickeln, was durch die Tatsache belegt wird, dass in der Praxis Gedanken, die zunächst abwegig erschienen, schließlich doch zur Lösung eines Problems führten.

Achtung

Erst nach Abschluss der Sammlungsphase erfolgt die Bewertung der einzelnen Ideen.

Wofür eignet sich das Brainstorming?

Das Brainstorming ist sehr gut für die alltägliche Lösungs- und Ideensuche geeignet und sollte vor allem bei konkreten Fragestellungen eingesetzt werden, wenn man noch am Anfang der Lösungssuche steht. Dementsprechend sollten Sie bei komplexen Problemen und in Situationen, in denen ein bestimmtes Spezialwissen erforderlich ist, auf andere Methoden zurückgreifen. Weitere Vorteile des Brainstormings sind:

- Jeder Teilnehmer kann spontan und wertungsfrei Ideen einbringen.
- Es kann innerhalb relativ kurzer Zeit eine Vielzahl von Ideen gefunden werden.
- Ein auf den ersten Blick absurder Einfall kann für andere Teilnehmer einen zündenden Gedanken bringen.
- Sie erhalten Denkanstöße, originelle Ideen und Lösungen, die weiterverarbeitet werden können.

4 Regeln des Brainstormings

Eine Gefahr beim Brainstorming ist, dass die gesammelten Ideen zu früh bewertet, kritisiert und verworfen werden. Deswegen ist es wichtig, den Ablauf des Brainstormings, wie er in der Checkliste dargestellt ist, genau einzuhalten. Damit das Brainstorming gelingt, sollten Sie vor allem die vier folgenden Regeln einhalten:

1. Urteile und Bewertungen in Phase 1 (vgl. Checkliste S. 65) sind untersagt. Es darf keine Kritik oder kein Urteil geäußert werden, solange nicht alle Ideen vorgetragen worden sind.
2. Alle Ideen sind willkommen. Wild, kreativ, originell. Alles, was entwickelt wird, sei es noch so unvorstellbar, kann zu weiteren Ideen anregen. Ideenabschwächen ist einfacher, als sie zu generieren.
3. Teilnehmer zu umfangreicher Sammlung von Lösungsideen motivieren: Quantität vor der Qualität.
4. Ideen anderer werden genutzt, um über Kombination, Verformung und Weiterentwicklung neue Ideen zu produzieren.

Die Aufgaben des Moderators beim Brainstorming

Ein Brainstorming ohne Moderator überfordert wahrscheinlich die disziplinierteste Gruppe. Wenn Sie oder ein Mitarbeiter die Moderation übernehmen, tragen Sie die Verantwortung für:

- die richtige Eingabe und Formulierung der Aufgabe bzw. Fragestellung,
- die Strukturierung des Prozesses,
- das Einhalten der vereinbarten Regeln,

- die Beachtung der Zeitvorgaben,
- das Einbeziehen aller Teilnehmer,
- das wertungsfreie Sammeln von Vorschlägen,
- die Steuerung der späteren Bewertung der einzelnen Vorschläge.

Checkliste: So führen Sie ein Brainstorming durch	
Der Moderator stellt das Thema vor und erklärt die Fragestellung.	
Die Zeiten für die einzelnen Bearbeitungsphasen werden festgelegt.	
Phase I: Ideensammlung	
Die Ideensammlung kann frei durch Zuruf an den Moderator erfolgen oder so, dass jeder Teilnehmer seine Ideen selbst auf Moderationskarten schreibt und diese zur Sammlung an den Moderator weitergibt.	
Jede Idee wird stichpunktartig, groß und deutlich auf jeweils eine Moderationskarte geschrieben.	
Sämtliche Karten werden für alle sichtbar auf Pinnwände geheftet. Das Sehen der Ideen anderer soll die Kreativität aller anregen. Aus vorhandenen Ideen sollen neue generiert werden.	
Am Ende der Zeit für Phase I oder wenn keine neuen Ideen mehr produziert werden, wird die Ideensammlung abgeschlossen.	
Phase II: Bewertung der Ideen	
Es werden Kategorien gebildet, denen die Karten zugeordnet werden. Die Kategorien können thematisch sein oder die Realisierbarkeit der Ideen betreffen, z. B.: <ul><li>praktikabel, gut umsetzbar,</li><li>schwierig umzusetzen und</li><li>nicht umsetzbar.</li></ul>	
Die als praktikabel bewerteten Ideen werden entweder <ul><li>mit weiteren Problemlöse- oder Entscheidungstechniken überprüft,</li><li>je nach betrieblichen Regeln weiteren Entscheidungsträgern vorgestellt oder</li><li>sofort entschieden.</li></ul>	
Besteht eine definitive Entscheidung über die praktikablen Lösungsansätze, die umgesetzt werden sollen, wird ein Handlungsplan ausgearbeitet und erstellt (Wer macht was bis wann, wie und wo?).	

Technik 2: Arbeiten mit Mindmaps

Unter Mindmap wird die bildliche bzw. grafische Darstellung der Ideen und Gedanken verstanden. Während des Mindmappings entsteht eine Ideenkarte, die fortlaufend ergänzt werden kann. Dabei soll die bildliche Darstellung die Grenze zwischen linksseitigem Denken (die linke, logisch denkende Seite des Gehirns wird gefordert) und rechtsseitigem Denken (die rechte, kreativ denkende Seite des Gehirns wird gefordert) überwinden und so das kreative Denken insgesamt fördern.

Der Nutzen des Mindmappings

Die Technik des „Mindmappings" überzeugt durch eine breite Anwendbarkeit bei den verschiedensten Fragestellungen und Aufgaben. Es besteht eine große Freiheit in der Wahl der Gestaltungselemente, um zu der für Sie und Ihr Team besten Darstellung zu finden. Weitere Vorteile des Mindmappings sind:

- keine aufwändigen Übungs- und Lernzeiten erforderlich
- einsetzbar für die unterschiedlichsten Fragen und Aufgaben
- von Einzelpersonen und im Team nutzbar
- ermöglicht durch seine Grundstruktur Ordnung und Übersichtlichkeit
- bildlich-grafische Darstellung fördert Kreativität
- Positionierung des zentralen Themas in der Mitte verhindert Abschweifen und führt immer wieder auf das Wesentliche zurück
- Hervorhebungen, Abhängigkeiten, Hierarchien und Vernetzungen sind abbildbar und gehen so im Prozess nicht verloren
- Mindmaps können jederzeit ergänzt werden
- Mindmapping unterstützt die Bildung von Assoziationen, Folgerungen und Ableitungen
- Mindmaps stehen für eine kurze und prägnante Darstellung der Gedanken
- Arbeiten mit unterschiedlichsten Gestaltungselementen: Bilder, grafische Elemente (Pfeile etc.), verschiedene Farben und Linien

In der Anwendung des Mindmappings ist etwas Vorsicht bei sehr komplexen Themengebieten geboten, denn ein Mindmap kann diese zu sehr vereinfachen bzw. verkürzen. Dieser Sachverhalt kann zwar oft ein Vorteil sein, sich aber ebenso gut auch negativ auswirken, z. B. wenn durch das Mindmap der Eindruck entsteht, man habe das Problem genau durchschaut und alle Facetten im Blick. Entspricht dieser Eindruck jedoch nicht der Realität, drohen Fehlentscheidungen.

Arbeitsschritte zur Erstellung einer Mindmap

Schritt 1   Schreiben Sie den Schlüsselbegriff bzw. das Thema, um das es geht, in die Mitte eines Blattes. Am besten nutzen Sie dabei ein möglichst großes Blatt bzw. beim Arbeiten im Team eine Metaplanwand.

Schritt 2   Suchen Sie jetzt nach Aspekten, die dem Thema in zweiter Ebene zugeordnet sind. jeder einzelne Aspekt bekommt eine Linie (einen Ast), der vom Schlüsselthema abzweigt. Schreiben Sie auf jeden Fall alle Aspekte zweiter Ebene auf, die Ihnen einfallen, und ergänzen Sie Ihre Zeichnung jederzeit.

Schritt 3   Die Linien der zweiten Ebene werden nun ihrerseits mit Verästelungen für die zugehörigen Aspekte versehen. Fahren Sie dann genauso für Aspekte der dritten und vierten Ebene fort.

Schritt 4   Das Blatt wird sich schnell füllen. Wird ein Aspekt zweiter Ebene zu umfangreich, eröffnen Sie für diesen ein eigens Mindmap, um die Übersichtlichkeit zu gewährleisten.

Schritt 5   Mit Symbolen (+/-/ ...) können Sie einzelnen Aspekten eine besondere Bedeutung geben.

Schritt 6   Schließen Sie den Prozess ab, wenn Sie den Eindruck haben, dass Ihnen nichts mehr einfällt. Wenn Ihnen am nächsten Tag noch etwas einfallen sollte, ist das auch kein Problem – ergänzen Sie einfach Ihr Mindmap. Sie allein bestimmen, wann das Mindmap fertig ist.

In der folgenden Checkliste sind die einzelnen Arbeitsschritte zur Erstellung einer Mindmap zusammengefasst. Darüber hinaus finden Sie hier noch weitere Tipps, wie Sie mit einer Mindmap arbeiten.

Checkliste: So erstellen Sie eine Mindmap	
Schreiben Sie den Schlüsselbegriff bzw. das Thema, um das es geht, in die Mitte eines Blattes.	
Beginnen Sie eventuell mit einem farbigen Bild in der Mitte des Blattes.	
Suchen Sie jetzt nach Aspekten, die dem Thema in zweiter Ebene zugeordnet sind. Jeder einzelne Aspekt bekommt eine Linie (einen Ast), der vom Schlüsselthema abzweigt.	
Schreiben Sie auf jeden Fall alle Aspekte zweiter Ebene auf, die Ihnen einfallen, und ergänzen Sie Ihre Zeichnung jederzeit.	
Denken Sie nicht zu lange über die einzelnen Punkte nach, sondern schreiben Sie auf, was Ihnen jetzt einfällt. Ergänzungen sind jederzeit möglich, ebenso Streichungen.	
Wird ein Aspekt zweiter Ebene zu umfangreich, eröffnen Sie für diesen ein eigens Mindmap, um die Übersichtlichkeit zu gewährleisten.	
Fügen Sie, wenn möglich, Bilder oder Symbole in das Bild ein.	
Legen Sie sich Ihre eigene Legende von Symbolen an (Minuszeichen, Ausrufezeichen etc. und ihre Bedeutung).	
Verwenden Sie Wörter in Großbuchstaben. Dies wirkt übersichtlicher.	
Benutzen Sie Farben (zur Priorisierung etc.).	
Arbeiten Sie mit Pfeilen, verbinden Sie Zusammenhänge, zeichnen Sie unterschiedlich dicke Linien.	
Verwenden Sie möglichst nur ein Stichwort pro Linie.	
Schließen Sie den Prozess ab, wenn Sie den Eindruck haben, dass Ihnen nichts mehr einfällt.	
Wenn Ihnen am nächsten Tag noch etwas einfallen sollte, ist das auch kein Problem – ergänzen Sie einfach Ihr Mindmap.	

Technik 3: Die Denkhut-Methode

Die Kreativitätstechnik „Denkhüte" von De Bono ist eine Methode, die nicht der Ideenproduktion, sondern der Ideenbewertung und der Problemlösung dient. Obwohl sie auf den ersten Blick sehr ungewohnt anmuten mag, findet diese Imaginationstechnik in vielen Unternehmen, Managerkonferenzen, Krisensitzungen und Workshops Anwendung.

Grundgedanke und Nutzen der Denkhut-Methode

Wenn wir eine Entscheidung treffen, nehmen wir meist einen ganz bestimmten Standpunkt ein. Wir sind vorsichtig, aufgeschlossen, kritisch usw. Feste und gewohnte Haltungen schränken uns in unserem Lösungs- und Entscheidungsprozess ein. Zum Teil betrifft das ein ganzes Team oder eine Arbeitsgruppe, die mit der zur Gewohnheit gewordenen Haltung versucht, neue Wege zu finden, ohne dabei wirklich Neues zu erreichen.

Die Denkhüte von de Bono helfen dabei, Probleme und Entscheidungen aus verschiedenen Perspektiven zu durchdenken und dadurch zu einer besseren Lösung zu gelangen. Die Denkhut-Methode bringt die Teilnehmer dazu, sich in die durch die Denkhüte vorgegebenen Rollen zu versetzen und sich dadurch von gewohnten Denkmustern zu befreien. Doch gerade in diesem Rollentausch liegt der Nutzen der Methode und die so gewonnenen Arbeitsergebnisse werden Sie Ihre Skepsis schnell vergessen lassen.

> **Tipp**
>
> Eventuell ist es nötig, die Methode ein- bis zweimal auszuprobieren, damit sie Ihnen nicht mehr künstlich oder merkwürdig erscheint. Immerhin zwingt diese Technik Sie zu etwas, das im Alltag nicht unbedingt gefordert wird – bewusst eine andere Rolle und Sichtweise einzunehmen.

So führen Sie die Denkhut-Methode durch

Nutzen Sie die Denkhut-Methode, wenn Sie eine Idee oder ein Problem haben, den Sie bewerten wollen. Alle möglichen Alternativen mit den „Denkhüten" durchzuarbeiten, ist zu zeitaufwändig.

> **Tipp**
>
> Führen Sie das Problemlösungs-Meeting mit den symbolischen Denkhüten mit einem Moderator durch. Dieser vereinbart zu Beginn mit allen Teilnehmern die Regeln der Sitzung, z. B. wann und unter welchen Bedingungen die Hüte gewechselt werden. Während der Sitzung achtet er auf die Einhaltung der Regeln und darauf, dass alle Perspektiven zu Wort kommen und berücksichtigt werden.

Arbeitsschritte zur Anwendung der Denkhut-Methode

Schritt 1   Verdeutlichen Sie zu Beginn, dass alle Perspektiven nicht nur gewünscht, sondern gefordert sind, um auch wirklich zur besten Problemlösung zu kommen. Nehmen Sie den Teilnehmern die Angst davor, eine bestimmte Perspektive einzunehmen.

Schritt 2   Die Denkhüte verkörpern verschiedene Standpunkte. Die Teilnehmer bekommen mit den symbolischen Hüten eine bestimmte Rolle bzw. Perspektive, aus welcher sie das Problem betrachten und bewerten sollen. Solange einem Teilnehmer ein „Hut" zugewiesen ist, muss er diese Perspektive einhalten und vertreten.

Schritt 3   Die sechs Denkhüte haben verschiedene Farben. Sie werden durch Zufallsprinzip (z. B. mithilfe von Würfeln oder Losziehen) unter den Teilnehmern verteilt. Das Zufallsprinzip verhindert persönliche Angriffe unter den Teilnehmern, da jeder aus seiner momentanen Rolle/Aufgabe heraus handelt.

Schritt 4   Zu einem vorher bestimmten Zeitpunkt kann veranlasst werden, dass die Hüte gewechselt werden, was neue Sichtweisen ermöglicht und für neue Diskussionen sorgt. Legen Sie vorher fest, wer den Wechsel vornimmt, z. B. „immer der Teilnehmer mit dem blauen Hut".

Schritt 5   Alternativ können die Teilnehmer den Hut, unter dessen Perspektive sie das Problem gerade betrachten, auswählen und ihre Gedanken kommunizieren. Dies ermöglicht allen Teilnehmern, das Problem aus verschiedenen Perspektiven zu betrachten, ohne auf eine Sichtweise festgelegt zu werden. Bei dieser Vorgehensweise muss der Moderator noch stärker darauf achten, dass alle Sichtweisen genutzt werden.

Übersicht: De Bonos Denkhüte

Farbe des Hutes	Bedeutung	Wichtige Fragen
Weiß neutrale, objektive Sicht	Es geht um beweisbare Tatsachen, Fakten und neutrale Informationen. Informationssammlung ohne Bewertung, Emotionen, Urteile, persönliche Meinung. Parteinahme und Meinungen sind nicht gestattet.	Welche Informationen sind gegeben? Wie sind sie beschaffen (Qualität, Quantität)? Was für Informationen werden noch gebraucht?
Rot Intuition, Emotionalität	Positives wie negatives persönliches Empfinden, Gefühle, Zweifel, Intuition, subjektive Meinung stehen im Vordergrund. Rationalität ist nicht gefragt. Vermutungen und Gespür werden geäußert, ohne begründet oder erklärt werden zu müssen.	Was spüre ich? Was für ein Gefühl habe ich dabei? Traue ich der Sache?
Grün Kreativität, Wachstum	Wachstum, neue Ideen, Originalität, der Kreative Suche nach Alternativen, neuen Gesichtspunkten, keine schnelle Festlegung Lässt Provokation und Widerspruch zu, kann alles formulieren, was zu neuen Ideen führt, egal wie verrückt oder undurchführbar es ist. Kritische Bemerkungen sind nicht erlaubt.	Was für Ansätze sind noch möglich? Was für Alternativen stellen sich? Was wäre eine ganz verrückte Lösung? Welche Gesichtpunkte wurden noch nicht betrachtet? Was kann an der bestehen Alternative geändert werden?
Schwarz sachliche Risiken berücksichtigend	Berücksichtigt und benennt alle sachlichen Gefahren und Risiken, Kritik und Bedenken, Zweifel. warnend, Fehler vermeidend Es geht um rein Sachliches, negative Gefühle gehören nicht zu dieser Perspektive.	Was spricht dagegen (Nachteile)? Haben wir alle Risiken bedacht? Sind die Pläne realistisch oder hochfliegend? Welche Probleme/ Risiken können auftreten?

Farbe des Hutes	Bedeutung	Wichtige Fragen
Gelb optimistisch, chancenorientiert	Optimismus, die Vorteile und Vorzüge eines Plans sehend, verbessernd Mut machend, Chancen erkennend, benennt Pluspunkte und Ziele. Spricht an, was positiv für die Entscheidung spricht.	Welche Aspekte der Entscheidung/Lösung sind gut und sollten beibehalten werden? Wie kann man den Vorschlag umsetzen? Welche Verbesserungsmöglichkeiten ergeben sich aus der Realisierung? Was gewinnen wir dadurch? Was ist gut daran?
Blau übergeordneter Standpunkt, Kontrolle	Vogelperspektive, Orientierung, Priorisierung, Betrachtung des Gesamtprozesses aus übergeordneter Perspektive auch Moderatorenrolle (Einhalten der Spielregeln, Auseinandersetzungen klären) zusammenfassend, leitend	Was müssen wir noch bedenken? Was muss berücksichtigt werden? Wie kann es zusammen geführt werden? Passt es zusammen? Moderator: Wer ist an der Reihe? Welche Themen werden festgelegt? Wie wird strukturiert?

Die Kreativitätstechniken im Überblick

In der folgenden Übersicht sind noch einmal alle in diesem Kapitel vorgestellten Kreativitätstechniken zusammenfassend dargestellt.

Technik	Anwendungsgebiet	Was wird benötigt?
1. Brainstorming	Kreativitäts- und Problemlösungsmethode • intuitive Technik • für Teamarbeit geeignet • eine Teilnehmerzahl von 4–6 Personen ist ideal	• 4–6, maximal 12 Teilnehmer • ein Moderator • Moderationsmaterial, Flipchart, Pinnwände • Dauer: ca.40–60 Minuten insgesamt
2. Mindmap	Kreativitäts- und Problemlösungsmethode • intuitive Technik • Auch zur Vorbereitung komplexer Aufgaben, Zielklärung, Präsentationen und Vorträge • bietet guten Überblick über komplexe Themen • für Team- und Einzelarbeit geeignet	• ein Blatt Papier (mindestens DIN A4), im Team Flipchart/Pinnwand, Moderationsmaterial • Stifte in verschiedenen Farben • Dauer: ca. 20–30 Minuten (kann fortlaufend ergänzt und angepasst werden) • im Team ist Moderator zu empfehlen
3. Denkhut-Methode	Problemlösungsverfahren, systematische Technik • besonders für Teamarbeit geeignet • kann auch bei Themendiskussion eingesetzt werden • eine Teilnehmerzahl von 6 Personen ist ideal	• sechs Hüte oder unterschiedlich farbige Karten • Dauer: abhängig von der Gruppengröße und Aufgabenstellung 30 Minuten bis zu 2 Stunden • Moderator ist zu empfehlen

7 Entscheidungstechniken

Entscheiden steht immer für zukunftsorientiertes Handeln unter Unsicherheit. Unsicherheit heißt zum einen, dass Sie nie genau wissen, ob der gewählte Weg der richtige ist, um das Ziel zu erreichen. Zum anderen heißt Unsicherheit, dass oft mit beschränkten Ressourcen – Zeit, Wissen, Man-Power – entschieden werden muss.

Sie können das Risiko, Fehlentscheidungen zu treffen, über eine differenzierte Problemanalyse, den Einsatz von Kreativitätstechniken zur Lösungsfindung und eine systematische Lösungsbewertung verkleinern. Generell ausschließen können Sie das Risiko jedoch nicht. Vielleicht ist es genau dieser Punkt – das Restrisiko –, der einem eine Entscheidung häufig so schwer macht.

> **Achtung**
>
> Generell gilt: Je bedeutsamer die zu treffende Entscheidung ist, desto höher sollte auch die Expertise der Entscheider sein. Es kann durchaus sinnvoll sein, zu bestimmten Themen externes Know-how hinzuzuziehen, wenn es intern nicht oder nicht im ausreichenden Maße verfügbar ist.

In vier Schritten zur rationalen Entscheidung

Schritt 1: Die Entscheidungssituation identifizieren und analysieren

Eine Entscheidungssituation ist immer eine vorhandene Ist-Soll-Abweichung. Sie veranlasst Sie zu handeln – zum Treffen einer Entscheidung. Das Ziel dieses Handelns ist eine Minimierung der Abweichung oder ein Gewinn in irgendeiner Form wie z. B. Kosten, Ertrag, Zeit, Wissen, Leistung, Spaß usw.

Schritt 2: Entscheidungskriterien festlegen

Um eine Entscheidung zwischen verschiedenen Alternativen treffen zu können, brauchen Sie Kriterien, an denen Sie die Güte einer Lösung messen können. Solche Kriterien können sein: Finanzierbarkeit, Machbarkeit, Verfügbarkeit der erforderlichen Kompetenzen, Risikopotenzial etc.

Intuition ist bei Entscheidungen sicher ein schlechter Ratgeber. Genau hier setzen Entscheidungstechniken an.

Die Wahl Ihrer Vorgehensweise ist von verschiedenen Faktoren abhängig. Die folgende Checkliste soll Ihnen eine Abschätzung der Situation ermöglichen.

CD-ROM

Kriterien	Antwort
Die Dringlichkeit des Problems: Gibt es einen Termin, zu dem das Problem gelöst/die Entscheidung getroffen sein muss?	
Die Wichtigkeit des Problems: Wie groß sind die Auswirkungen bei Nichtentscheiden und -handeln?	
Die Entwicklung des Problems: Verschärft sich das Problem, wenn länger nichts unternommen/nicht entschieden wird?	
Verfügbare Ressourcen: Welche Kapazitäten haben wir, um das Problem zu lösen/die Entscheidung umzusetzen?	
Die Abhängigkeit: Ist die Lösung des Problems Voraussetzung zur Lösung anderer Probleme/ für das Treffen anderer Entscheidungen?	
Die Konsequenzen der Entscheidung: Wie wird sich die Entscheidung auf die derzeitige oder künftige Situation auswirken?	

Schritt 3: Entscheidungstechniken anwenden

Entscheidungstechniken treffen nicht die Entscheidung. Eine Entscheidung bleibt immer subjektiv und muss individuell und situationsbezogen abgewogen werden. Entscheidungstechniken sind Denk- und Strukturierungshilfen. Diese Techniken leiten Sie an, eine Entscheidung gründlicher zu analysieren, vorzubereiten und zu hinterfragen. An dieser Stelle greifen Problemanalyse- und Entscheidungstechniken ineinander. Des Weiteren dienen diese Techniken dazu, die bestehenden Risiken zumindest besser analysieren und einschätzen zu können, eine gänzliche Vermeidung ist nicht möglich.

Entscheidungstechniken zur Unterstützung des Entscheidungsprozesses gibt es viele – sowohl einfache als auch komplexe. Welche Instrumente, Methoden oder Techniken Sie im Entscheidungsprozess einsetzen, ist von der Art der zu treffenden Entscheidung, aber auch von den Rahmenbedingungen abhängig. In den folgenden Abschnitten werden die Techniken der Nutzwertanalyse, des Entscheidungsbaums und des Ranglistenverfahrens vorgestellt.

Schritt 4: Den Entscheidungsprozess dokumentieren

Entscheidungen sind immer Teil eines Gesamtprozesses. Der Prozess umfasst in der Regel die folgenden Phasen:

Phase 1	Problemerkennung, Informationsanalyse und Problemdefinition
Phase 2	Zielbestimmung
Phase 3	Definition der Anforderungen, die die Entscheidung erfüllen muss
Phase 4	Suche nach alternativen Handlungswegen
Phase 5	Risikoanalyse
Phase 6	Treffen der Entscheidung
Phase 7	Konsequente Umsetzung
Phase 8	Controlling im Prozess und der Ergebnisse
Phase 9	Extrakt (lessons learned)

Dokumentieren Sie den Entscheidungsprozess! Durch die Dokumentation des Entscheidungsprozesses, der die Nutzung von Entscheidungskriterien impliziert, ist die Entscheidung leichter an Dritte kommunizierbar und für diese nachvollziebar.

Technik 1: Die Nutzwertanalyse

Mittels einer Nutzwertanalyse sind Sie in der Lage, den Nutzen verschiedener vorhandener Lösungsalternativen anhand von zuvor durchgeführten qualitativen Bewertungen zu bestimmen. Für die einzelnen Lösungsalternativen wird mit Zahlenwerten festgelegt, in welchem Umfang sie der Erreichung der zuvor gesetzten Ziele dienen. Auch wenn die Bewertungen der Alternativen im Prozess subjektiv bleiben, wird die Entscheidung durch die Differenzierung qualifizierter. Darüber hinaus kann Dritten das Warum der Entscheidung leicht verständlich gemacht werden.

So gehen Sie bei der Nutzwertanalyse vor

Schritt 1   Ermittlung der Ziele (Muss-/Kann-Ziele)

Schritt 2   Gewichtung der Ziele: maximal 100 Punkte können auf die vorhandenen Ziele verteilt werden. Je bedeutsamer ein Ziel ist, desto mehr Punkte bekommt es.

Schritt 3   Auflistung der Lösungsalternativen

Schritt 4   Die einzelnen Alternativen werden danach bewertet, wie gut sie zur Zielerreichung beitragen. Hierfür wird Ihnen ein Wert von 1 bis 10 zugeordnet, d. h. sie werden gewichtet.

Als zusätzliche Absicherung können Sie im Anschluss an die Nutzwertanalyse eine Sensitivitätsanalyse durchführen. Dabei werden die Gewichte und Punktzahlen variiert, um die Auswirkungen dieser Veränderungen auf die bewertete Rangfolge der Varianten zu überprüfen. Es wird geprüft, ob die favorisierte Lösung veränderten Annahmen standhält.

Technik 2: Die Kosten–Nutzen-Analyse

Haben die Kosten oder die monetären Ziele gegenüber den übrigen Nutzenwerten einen relativ hohen Stellenwert, bietet es sich an, die Nutzwertanalyse um eine Kosten-Nutzen Analyse zu ergänzen.

Beispiel einer Kosten–Nutzen-Analyse

	Varianten		
	A	B	C
Investitionskosten/5 Jahre	80.000	400.000	500.000
Personalkosten pro Jahr	2.100.000	1.900.000	2.000.000
Raumkosten pro Jahr	20.000	100.000	200.000
Kosten pro Jahr	2.200.000	2.400.000	2.700.000
Bereinigte Punkte (aus Nutzwertanalyse)	450	350	300
Kosten pro Qualitätspunkt (Preis-Leistungs-Verhältnis)	**4.888**	**6.857**	**9.000**

Die Kosten-Nutzen-Analyse baut auf der Nutzwertanalyse auf, trennt aber bei der Nutzenberechnung monitäre von nichtmonitären Größen. Dies entspricht dem wirtschaftlichen Denken, da Entscheider fast immer die Kosten der Lösungsvarianten kennen wollen.

Es werden folglich zwei Werte für jede Alternative berechnet:

- Kosten pro Periode /z. B. ein Jahr)
- Nutzen (gemäß der Nutzwertanalyse)

So gehen Sie bei der Kosten-Nutzen Analyse vor

Schritt 1   Für jede Alternative werden die relevanten Kosten ermittelt.

Schritt 2   Umfasst die Nutzwertanalyse Kostenziele, werden die Gesamt-punkte der Alternativen um die Punktwerte vermindert (berei-nigte Punktwerte), die aufgrund der Kostenziele erreicht wur-den.

Schritt 3   Die bereinigten Punktwerte werden durch die Kosten pro Jahr dividiert. Damit erhält man einen Wert für den finanziellen Aufwand pro Qualitätspunkt. Dieser Wert drückt das Preis-Leistungsverhältnis jeder Alternative aus.

Technik 3: Der Entscheidungsbaum

Manche Entscheidungen werden Ihnen leichter fallen, wenn Sie sie bildlich darstellen. Zusammenhänge werden so deutlicher und Prozesse klarer struk-turiert. Das kann Ihnen dabei helfen, Fehleinschätzungen frühzeitig zu erken-nen. Bei der Anwendung dieser Technik werden alle Ereignisse in ihrer Auf-tretenswahrscheinlichkeit eingeschätzt. Es werden Konsequenzen gesucht, die bei einem bestimmten Ereignis eintreffen könnten. Auch in diesem Punkt wird versucht, die Wahrscheinlichkeit zu bestimmen, mit der eine Konse-quenz eintreffen könnte.

So entwerfen Sie einen Entscheidungsbaum

Schritt 1   Listen Sie alle Konsequenzen einer Entscheidung auf.

Schritt 2   Dann sollten Sie die Konsequenzen in eine Reihenfolge bringen (günstig, ungünstig) oder auch Punkte vergeben von 1 (ungüns-tig) bis 10 (sehr günstig)

Schritt 3   Werden mehrere Ziele verfolgt, können getrennt für jedes Ziel Entscheidungsbäume generiert werden.

Technik 4: Das Ranglistenverfahren

Ranglistenverfahren und andere Vergleichverfahren unterstützen Sie bei der Bewertung unterschiedlicher Alternativen zum einen hinsichtlich verschiedener Zielkriterien oder in Bezug auf deren Wichtigkeit (A ist wichtiger als B). Gleiches können Sie durchaus auch für die Konsequenzen einer Alternative machen, um deren Bedeutung besser einschätzen zu können. Vergleichsverfahren sind leicht zu handhaben und auch in Besprechungen einfach einzusetzen.

Entscheidungsfindung mit dem Ranglistenverfahren

Beurteilungskriterien	Anzahl der Alternativen					
	1	2	3	4	5	6
Kosten						
Dauer der Umsetzung						
Umfang des Projekts						
Zielgruppengerechtigkeit						
Effektivität						
Planungsaufwand						
...						
...						
Gesamtbewertung						
Rangplatz						

8 Präsentationstechniken

Das Ziel einer Präsentation ist es, Wissen, Informationen oder Inhalte weiterzugeben. Sie präsentieren dabei neben den Inhalten aber immer auch sich selbst. Zwischen Ihnen und dem Publikum findet also ein Informations- und Kommunikationsprozess statt. Da das Publikum in der Regel weniger über den Inhalt der Präsentation weiß als Sie, ist es wichtig, dass Sie die Inhalte leicht verständlich, anschaulich und spannend vermitteln. Entscheidend für das Gelingen ist dabei, dass Sie eine Form der Präsentation wählen, die sowohl dem Publikum als auch den Umständen und vor allem dem Zweck angemessen ist.

Techniken zur Vorbereitung der Präsentation

Durch eine gründliche Vorbereitung gewinnen Sie auch selbst ein Mehr an Informationen, Detailkenntnis und Klarheit. Zudem können Sie sich gezielt überlegen, wie Sie bestimmte Inhalte am besten visualisieren. Indem Sie den organisatorischen Ablauf der Präsentationsveranstaltung im Vorhinein durchdenken, erhöhen Sie die Chance einer störungsfreien Durchführung, können eventuell auftretenden Problemen im Vorfeld entgegenwirken und gewinnen letztendlich mehr Sicherheit im Auftreten.

Schritt 1: Das Ziel der Präsentation festlegen

Einer Präsentation können verschiedene Zielsetzungen zugrunde liegen. Zum einen können Sie sachliche Ziele verfolgen. Sie können Informationen oder Wissen weitergeben, Einstellungen verändern sowie Überzeugungen schaffen wollen. Zum anderen können Sie mit einer Präsentation auch persönliche Ziele verfolgen. So wollen Sie vielleicht Verständnis für Ihre Anliegen wecken, Zustimmung erzielen, Anerkennung gewinnen oder sich rechtfertigen. Persönliche und sachliche Ziele schließen sich natürlich gegenseitig nicht aus, sondern werden meist gleichzeitig verfolgt.

Um Ihr Ziel klar zu definieren, können Sie sich an folgenden Leitfragen orientieren:

- Warum halte ich die Präsentation?
- Welches Thema behandle ich?
- Welche Ziele verfolge ich damit?
- Gibt es versteckte Ziele?
- Gibt es konkurrierende Ziele?
- Wer sind die Zuhörer?
- Wissen die Zuhörer von den Zielen?
- Wo halte ich die Präsentation?
- Welche Ziele können die Zuhörer oder die Auftraggeber noch haben?

Damit Sie Ihre Ziele nicht aus den Augen verlieren, sollten Sie diese in jedem Fall schriftlich festhalten. Formulieren Sie dabei so konkret wie möglich. Rufen Sie sich die Ziele immer wieder ins Gedächtnis und lassen Sie alle Hilfsmittel weg, die Ihren Zielen nicht dienen. Überprüfen Sie ruhig auch immer wieder die Liste mit Ihren Zielen. Möglicherweise kommen Sie zwischenzeitlich zu dem Schluss, dass Sie einige davon doch wieder streichen können, da sie weniger wichtig sind oder sich mit anderen Zielen überschneiden. Auch auf Zielkonflikte, d. h. sich widersprechende Ziele, sollten Sie achten und diese soweit wie möglich beseitigen.

Schritt 2: Die Inhalte der Präsentation auswählen

Zweck einer Präsentation ist es nicht, all das zu präsentieren, was Sie an Material finden können, sondern ein genau umrissenes Ziel in der zur Verfügung stehenden Zeit zu erreichen. Dazu müssen Sie Ihre Inhalte gewichten. Unterscheiden Sie zwischen:

- den Kernaussagen, die zum Erreichen des Präsentationsziels unbedingt notwendig sind, und
- den Hintergrundinformationen, welche die Kernaussagen begleiten oder eher vertiefen und im Notfall auch weggelassen werden könnten.

Die Checkliste auf der folgenden Seite hilft Ihnen, das Material für die Präsentation auszuwählen und zu prüfen.

Checkliste: So prüfen Sie das Material für die Präsentation	
Gehört es zu meinem Schwerpunkt?	
Beschreibt es einen sachlichen Aspekt, der notwendig für die Bearbeitung des Themas ist?	
Was könnte ohne weiteres weggelassen werden?	
Passt es in einen größeren Zusammenhang?	
Können die Zuhörer es verstehen?	
Lässt sich alles im vorgegebenen Zeitrahmen unterbringen?	

Schritt 3: Geeignete Präsentationsmedien auswählen

Präsentationsmittel helfen Ihnen, Ihre Inhalte so aufzubereiten und zu gestalten, dass sie den Zuhörern zum einen leicht eingängig sind und zum anderen Ihre Botschaften unterstützen. Bedenken Sie jedoch, dass auch ansprechend gestaltete Inhalte erst durch die Art und Weise Ihrer Präsentation wirklich überzeugend auf die Zuhörer wirken. In den meisten Fällen werden Sie evtl. Folien für Ihre Präsentation erstellen, die entweder mit einem Overhead-Projektor oder mit einem Beamer in Form einer Multimedia-Show dargeboten werden. Weitere Medien, die zum Einsatz kommen können, sind z. B. Flipchart, Tafel oder Pinnwand, falls Sie spontan etwas vor den Augen des Publikums aufschreiben oder entwickeln möchten.

Bei der Gestaltung von Folien (oder PowerPoint-Charts) gelten einige Gestaltungsregeln:

- Nutzen Sie den oberen Bereich eines Charts, um das Thema der Präsentation durchgängig vor Augen zu halten. Eine Ebene darunter lassen Sie die jeweiligen Thesen erscheinen. Auch diese bleiben während des gesamten Argumentationsdurchlaufs (vom Weg bis zum Resultat) bestehen.
- Denken Sie daran, auf die Charts nur Dinge zu schreiben, die Ihre Aussagen unterstützen. Verwenden Sie kurze Formulierungen und bekannte Wörter.
- Ein Bild sagt mehr als tausend Worte – sofern es treffend ausgewählt wurde. Zu viele oder zu bunte Bilder lenken dagegen eher vom Inhalt ab – die

visuellen Hilfsmittel sollten den Inhalt des Charts unterstützen, aber nicht „erschlagen". Seien Sie vorsichtig mit dem Einsatz so genannter „Clip-Arts", denn sie wirken häufig billig und unprofessionell.

- Charts, die mit Text oder Zahlen voll geschrieben sind, erschweren dem Zuhörer, Ihnen zu folgen. Hier gilt: „Das Auge liebt die leere Fläche".
- Wählen Sie nur eine Schriftart, die Sie durchgängig verwenden. Achten Sie darauf, dass die Schriftgröße zwischen 16 und 24 liegt, und setzen Sie Hervorhebungen (Fett- oder Kursivsetzung sowie Unterstreichung) sparsam ein.

Grundsätze für den Medieneinsatz

- Kein Einsatz ohne Grund
- Weniger ist mehr
- Nur Medien verwenden, die Sie beherrschen
- Konkret bleiben
- So einfach wie möglich
- Gefühle ansprechen
- Den Zuhörern Zeit zum Aufnehmen lassen
- Text und Bilder abwechselnd kombinieren
- Die Struktur muss immer erkennbar sein
- Oberstes Prinzip: Lesbarkeit!
- Maximal drei Farben verwenden
- Nur Stichworte, keine ganzen Sätze

Schritt 4: Analyse der Zielgruppe der Präsentation

Die Situation der Zuhörer wird unter anderem durch deren Stellung in der Unternehmenshierarchie, die Funktion im Unternehmen, den Wissensstand zu dem Präsentationsthema sowie das Anspruchsniveau der Zuhörer bestimmt. Auch haben die Zuhörer unterschiedliche Erwartungen an die Inhalte und Ergebnisse der Präsentation sowie deren Konsequenzen. Womöglich unterscheiden sich die Einstellungen der Zuhörer zum Präsentationsanlass, zum Präsentationsziel und auch Ihrer Person gegenüber – also dem Präsentierenden.

Um die Zielgruppe zu analysieren, können Sie sich folgende Fragen beantworten:

- Wer ist zu überzeugen?
- Was wissen die Zuhörer bereits?

- Was kann ich an Wissen voraussetzen und was nicht?
- Haben alle den gleichen Kenntnisstand?
- Haben alle die gleiche Zielsetzung/die gleichen Interessen?
- Welche Informationen sind für die Zuhörer besonders wichtig?
- Welche Schwierigkeiten könnten auftreten?

Checkliste: Rahmenbedingungen der Präsentation	
Wer ist der Auftraggeber?	
Wer ist für die Organisation der Präsentationsveranstaltung verantwortlich?	
Wo findet die Präsentation statt?	
Wann findet die Präsentation statt?	
Welcher Zeitrahmen ist für die Präsentation gedacht?	
Gibt es ein Rahmenprogramm?	
Gibt es bestimmte Gepflogenheiten?	
Wie groß ist der Veranstaltungsraum?	

Techniken für den Präsentationsaufbau

Einen übersichtlichen Aufbau der Präsentation erreichen Sie, wenn Sie sich an die folgenden 7 Schritte orientieren.

Schritt 1: Den richtigen Einstieg wählen

Mit der Einleitung zu einer Präsentation stellen Sie den ersten Kontakt zu den Zuhörern her. Geben Sie einen Ausblick darauf, was gleich folgen wird, und machen Sie Ihre Zuhörer neugierig.

Eine Einleitung besteht aus:

* Anrede und Begrüßung
* Vorstellung der eigenen Person
* organisatorische Anmerkungen (Dauer der Präsentation, Pausen, Fragen während der Präsentation oder am Schluss, Handouts)
* dem inhaltlichen Einstieg ins Thema

Es gibt verschiedene Möglichkeiten, wie Sie in das Thema Ihrer Präsentation einsteigen können. Sie können sachlich beginnen oder eine Frage wählen. Beide Einstiege sind aber nicht sehr originell und so gehen Sie das Risiko ein, dass Ihre Zuhörer schon vor Beginn der Präsentation nicht wirklich aufmerksam sind, weil sie schon glauben zu wissen, was jetzt kommt. Eine andere Möglichkeit ist eine Provokation. Damit können Sie jedoch möglicherweise auch eine verärgerte Grundstimmung hervorrufen, die Ihnen den weiteren Fortgang erschwert.

Versuchen Sie es besser mit einem aktuellen Bezug (Geschehnisse in Ihrem Unternehmensumfeld, der Branche, der Wirtschaft) oder einem persönlichen Erlebnis („... als ich feststellte, wie das Unternehmen X mit dem Thema Y umgeht, kam mir der Gedanke ...").

Im Einzelnen gilt für den Einstieg Folgendes:

* Starten Sie mit Schwung (aber zuerst stehen, dann reden).
* Begrüßen Sie kurz die Zuhörer, bedanken Sie sich eventuell für die Einladung.
* Stellen Sie sich selbst so vor, dass den Zuhörern klar wird, warum Sie zu dem Thema etwas Wesentliches beitragen können. Machen Sie deutlich, worin Ihre Beziehung zu dem Thema besteht.
* Geben Sie einen kurzen und bündigen Abriss zum gesamten Ablauf. Zum Beispiel: „Ich habe einige Thesen vorbereitet zu dem Thema *Wie steigern wir die Profitabilität unseres Unternehmens.* Zur Realisierung schlage ich verschiedene Wege vor und bringe Belege für meine Ausführungen."
* Beginnen Sie mit dem eigentlichen Einstieg ins Thema und folgen Sie der Struktur: These, Weg, Beleg, Merksatz, Resultat.

Schritt 2: Thesen aufstellen

Pro Präsentation sollten Sie maximal fünf bis sieben Thesen aufstellen. Was genau mit einer These gemeint ist, macht ein Beispiel am besten deutlich.

Beispiel

Angenommen, das Thema der Präsentation lautet: „Steigerung der Profitabilität des Unternehmens". Die entsprechenden Thesen in diesem Fall könnten lauten:

- Steigerung der Umsätze im Außendienst um x Prozent
- Trennung vom unrentablen Geschäftsfeld y
- Kosteneinsparungen durch Outsourcing der Dienstleistungen

Thesen sind wichtige Botschaften, die das Thema der Präsentation auf konkrete Ziele herunterbrechen. Mit diesen Thesen wird immer die Frage beantwortet, „wo die Reise hingeht", und nie die Frage „Was oder wie ist die Situation heute?". Thesen sind Behauptungen, die auch polarisierend oder zugespitzt formuliert sein dürfen.

Schritt 3: Den Weg skizzieren

Zu jeder These beantworten Sie anschließend die Frage, wie Sie oder das Unternehmen das Ziel erreichen. Dabei ist es wichtig, praktische Wege zu beschreiben, die noch zu gehen sind. Damit die Zuhörer nachvollziehen können, wie diese Wege im Einzelnen aussehen, sollten Sie konkrete „ToDos" formulieren. Wenn es viele verschiedene mögliche Wege gibt, sollten Sie sich auf die zwei oder drei beschränken, die am plausibelsten sind. Zu den Thesen, die gerade als Beispiel genannt wurden, wären das die folgenden drei Wege:

Weg 1:   Minimieren unrentabler Kundenbeziehungen

Weg 2:   Zusammenfassen kleiner Vertriebsgebiete zu größeren Einheiten

Weg 3:   Verlagerung umsatzschwacher Kunden auf einen Direktvertriebskanal

Schritt 4: Den Weg mit Beispielen belegen

Jeder Weg wird mit einem Beleg versehen, damit die Zuhörer verstehen, warum Sie das, was Sie sagen, für richtig halten. Hier brauchen Sie Beispiele, die z. B. demonstrieren, dass andere Unternehmen, andere Abteilungen o. Ä. dem genannten Weg entsprechend gehandelt haben und damit erfolgreich wurden. Sie liefern also einen Beweis dafür, dass der von Ihnen genannte Weg bereits zum Erfolg geführt hat. Zu dem ersten Weg, der gerade als Beispiel genannt wurde, wäre das möglicherweise:

> **Beispiel**
>
> Das Unternehmen X stand vor fünf Jahren vor einer ähnlichen Situation wie wir heute und hat sich damals entschlossen, die Beziehungen zu den unrentablen Kunden auslaufen zu lassen und gleichzeitig die Beziehungen zu den rentablen Kunden zu intensivieren.

Schritt 5: Einen Merksatz formulieren

Das bisher Gesagte wird nun durch einen Merksatz verfestigt. Ein solcher Merksatz kann eine Anekdote oder ein Bild sein, das in jedem Fall leicht eingängig und einprägsam ist. Sie können an dieser Stelle z. B. ein Zitat nennen oder ein passendes Bild als Hintergrund für Ihre Folie wählen. Der Merksatz soll die Richtigkeit des von Ihnen vorgeschlagenen Weges auf den Punkt bringen. Merksätze öffnen die Augen für die einfache, grundlegende Regel, die hinter Ihrem vorgeschlagenen Weg steckt.

> **Beispiel**
>
> „Stärken stärken, nicht Schwächen kompensieren."
>
> Es wäre in der Situation des Unternehmens X ein Fehler gewesen, die unrentablen Kundenbeziehungen beizubehalten oder sogar die Vertriebsanstrengungen zu verstärken, um aus den unrentablen Kunden rentable zu machen. Stattdessen wurden die Beziehungen zu den rentablen Kunden intensiviert. Die Umsätze wurden deutlich besser.

Schritt 6: Resultate verdeutlichen

Nachdem Sie einen Weg beschrieben haben, beantworten Sie den Zuhörern die Frage: „Was passiert, wenn dieser Weg eingeschlagen wird?" In kurzen Worten erklären Sie, was das Ergebnis sein wird und wie Sie mit Ihrem Weg dem genannten Ziel näher kommen.

> **Beispiel**
>
> Beim Unternehmen X konnte durch konsequenten Verzicht auf das margenschwache Geschäft eine Rentabilitätssteigerung von XY Prozent in drei Jahren erreicht werden.

Schritt 7: Die Präsentation gekonnt abschließen

Genauso wie der Anfang Ihrer Präsentation, wird auch das Ende von den Zuhörern stärker bewertet als der Mittelteil. Selbst Zuhörer, die während des Hauptteils gedanklich „ausgestiegen" sind, werden wieder aufmerksam, wenn Sie zum Schluss kommen.

Der Schluss einer Präsentation bleibt den meisten Zuhörern in Erinnerung, da er nicht von nachfolgenden Informationen überlagert wird. Ein gekonnter Abschluss kann oft die Gesamtwirkung einer Präsentation verstärken. Kündigen Sie den nahenden Schluss Ihrer Präsentation ca. zwei bis drei Minuten vor dem Ende Ihrer Präsentation an, denn sonst könnten die Zuhörer von einem plötzlichen Ende überrascht sein und den Aufrüttelungseffekt des Schlussteils verpassen.

Die Beurteilung der eigenen Präsentation

Sind Sie nicht sehr geübt im Abhalten von Präsentationen oder haben sich bisher noch nie Gedanken über die Art und Weise Ihres Auftretens gemacht, ist es nicht sinnvoll, dass Sie sich vor einer Präsentation eine lange Liste von Dingen vornehmen, auf die Sie achten wollen bzw. was Sie dieses Mal nicht machen wollen (z. B. „Dieses Mal werde ich nicht die Hände in die Hosentaschen stecken, ganz ruhig an einem Platz stehen bleiben, …"). Effektiver ist es, sich einen oder maximal zwei Punkte vorzunehmen, die Sie bei dieser Präsentation verbessern möchten: Übung macht den Meister.

Checkliste: Wie beurteilen Sie Ihre Präsentation?	
Hatte ich zu viel, zu wenig oder den richtigen Umfang Material?	
Wie kam ich mit der Zeit zurecht?	
War ich gründlich genug vorbereitet?	
Was hätte besser vorbereitet sein können?	
Welche technischen Hilfsmittel haben gefehlt?	
Was war organisatorisch gut, was war schlecht?	
Welche Informationen haben mir gefehlt?	
Welche Themen waren für die Zuhörer besonders nützlich?	

Welche Themen habe ich zu oberflächlich behandelt?	
Welche meiner Beispiele sind gut angekommen?	
Was erzeugte besonderen Applaus/besondere Zustimmung?	
Was erzeugte den Widerstand?	
Welche meiner Fragen brachten die meisten Anregungen?	
Welche verbalen Aussagen kann ich zukünftig visualisieren?	
Welche Themen fehlten den Zuhörern?	
Was sollte ich an meinem Vortragsverhalten ändern (Auftreten, Kleidung, Gestik, Mimik, ...)?	
Welche Ideen von Zuhörern sollte ich in meinen nächsten Vortrag einbauen?	

9 Zeitmanagement

Zeitmanagement beinhaltet das systematische und disziplinierte Planen Ihrer Zeit. Ziel dabei ist, Ihre Zeit optimal zu gestalten – und zwar nicht nur im Beruf, sondern in allen Lebensbereichen –, um mehr Zeit für die wichtigen Dinge zu haben. Sie können durch eine systematische Zeitplanung erstaunlich viel Zeit gewinnen. Zeitmanagement hilft Ihnen nicht nur dabei, Zeit zu gewinnen, sondern unterstützt Sie auch dabei, die wirklich wesentlichen Dinge zu erledigen. Mit einem systematischen Zeitmanagement behalten Sie immer die wichtigen Dinge im Blick.

In diesem Kapitel werden verschiedene Techniken für ein effektives Zeitmanagement vorgestellt.

10 Regeln für ein besseres Zeitmanagement

Die folgenden zehn Regeln helfen Ihnen, Ihr Zeitmanagement zu verbessern:

Regel 1: Erstellen Sie ein Zeitprotokoll

Wenn Sie den Umgang mit Ihrer Zeit verbessern wollen, sollten Sie zuerst schauen, wo Ihre Zeit bleibt. Ein Zeitprotokoll ermöglicht einen exakten Überblick über den tatsächlichen Zeitverbrauch. Schreiben Sie einen Tag oder eine Woche lang auf, wie viel Zeit Sie für welche Aktivitäten brauchen.

Regel 2: Machen Sie die „Zeitdiebe" dingfest

Das ständig klingelnde Telefon, eine unklare bzw. fehlende Zielsetzung, ein überhäufter Schreitisch, Unterbrechungen, eine schlechte Tagesplanung – all diese Dinge zählen zu den Zeitdieben. Sie stehlen erbarmungslos Ihre Zeit, sodass Sie am Ende eines Tages oft sagen: „Ich war den ganzen Tag beschäftigt, zu den wirklich wichtigen Dingen bin ich aber gar nicht gekommen." Oft mogeln sich Zeitdiebe dazwischen und nehmen Sie in Beschlag. Finden Sie heraus, welches Ihre persönlichen Zeitdiebe sind und machen Sie sie „dingfest".

Regel 3: Setzen Sie Prioritäten

Entscheiden Sie, was wichtig ist und was nicht. Lassen Sie sich nicht von Aufgaben blenden, die „ganz dringend" sind, aber eben nicht wichtig. Handeln Sie nach der Devise: „First things first". Kümmern Sie sich also zuerst um die wirklich wichtigen Angelegenheiten. Das sind übrigens nicht unbedingt die, die sich in den Vordergrund schieben. Halten Sie schriftlich fest, welches Ihre vorrangigen Ziele sind und welche auf der Prioritätenliste nach hinten rutschen können.

Regel 4: Planen Sie

Wer planlos seine Aufgaben beginnt, verschleudert viel Zeit. Legen Sie sich einen Plan zurecht, wie Sie was und vor allem in welcher Reihenfolge angehen wollen. Erfahrungen zeigen, dass sich Arbeit, die vorher geplant wurde, entscheidend in der Durchführungszeit reduziert.

Regel 5: Setzen Sie sich Fristen

Nutzen Sie die positive Kraft einer Deadline. Denn Arbeit hat die merkwürdige Angewohnheit, sich so lange hinzuziehen, wie man Zeit für sie eingeräumt hat. Wenn Sie jemanden um die Erledigung einer Aufgabe innerhalb von zwei Wochen bitten, dann wird derjenige mit hoher Wahrscheinlichkeit auch diese zwei Wochen benötigen. Setzen Sie sich selbst Zeitgrenzen. Das führt dazu, dass Sie sich während der Arbeit automatisch stärker und vor allem auf das Wesentliche und wirklich Wichtige konzentrieren. Ein ungeheurer Zeitgewinn!

Regel 6: Delegieren Sie

Delegieren Sie, wo es möglich ist. Alles, was andere tun könnten, sollten andere auch tun. Denken Sie aber daran, nicht nur unliebsame Aufgaben abzugeben. Sonst fühlen sich andere schnell missbraucht.

Regel 7: Agieren Sie vorausschauend

Langfristige Planung und Vorbereitung tragen dazu bei, Problemen und stressigen Situationen vorzubeugen. Handeln Sie rechtzeitig und versuchen Sie, auch lästige Aufgaben nicht ewig vor sich her zu schieben. So vermeiden Sie unnötige Engpässe.

Regel 8: Bündeln Sie Routineaufgaben

Wenn Sie „Kleinkram" und Routinetätigkeiten in Serienfertigung erledigen, indem Sie gleichartige Aufgaben zu Arbeitsblöcken zusammenfassen, werden Sie Ihre Arbeit schneller als bisher bewältigen. Denn Sie brauchen die Arbeitsgänge insgesamt nur einmal vorzubereiten.

Regel 9: Legen Sie Pausen ein

Zu langes und intensives Arbeiten macht sich nicht bezahlt. Konzentration und Leistungsfähigkeit lassen nach und Fehler schleichen sich ein. Dabei sind Pausen unerlässlich, wenn die Konzentration und Leistungsfähigkeit über einen längeren Zeitraum erhalten bleiben soll. Richtige Pausen sind keine Zeitverschwendung, sondern erholsames Auftanken von Energie. Wer nicht regelmäßig Pausen einlegt (etwa alle 90 Minuten), erreicht sehr schnell sein Leistungstief.

Regel 10: Vermeiden Sie ungeplante, impulsive Aktivitäten

Kennen Sie das? Plötzlich, während Sie am Schreibtisch arbeiten, fällt Ihnen etwas ganz anderes ein – dass Sie z. B. einen Bekannten unbedingt anrufen wollen, um etwas zu klären etc. Geben Sie diesen Impulsen nur nach, wenn die Unterbrechung für Ihre momentane Tätigkeit sinnvoll ist. Ansonsten lassen Sie sich vom Weiterarbeiten nicht abhalten. Schreiben Sie eine kurze Notiz, um den spontanen Gedanken nicht zu vergessen. Arbeiten Sie dann aber weiter, sonst benötigen Sie wieder einige Zeit, um in den Arbeitsprozess zurückzufinden.

Technik 1: Ein Zeitprotokoll erstellen

Ein Zeitprotokoll ermöglicht Ihnen einen Überblick, wo Ihre Zeit eigentlich bleibt. Um Zeitfresser ausmerzen zu können, müssen Sie erst wissen, was Ihnen Ihre Zeit stiehlt. Um einen exakten Überblick über Ihren tatsächlichen Zeitverbrauch zu bekommen, sollten Sie für eine Woche Folgendes tun: Schreiben Sie in einem Zeitprotokoll genau auf, wie viel Zeit Sie für welche Aktivitäten verbrauchen. Das erfordert ein bisschen Disziplin, aber nur so werden Sie erkennen, wie viel Zeit Sie tatsächlich wofür verwenden. Ich empfehle Ihnen, eine möglichst normale Woche zu nehmen und nicht gerade die Urlaubszeit oder eine andere Ausnahmezeit.

Arbeitsmittel: Zeitprotokoll

Tätigkeit	Start	Ende	Unterbrechungen	Zeitaufwand

CD-ROM

Das Zeitprotokoll analysieren

Nach einer Woche können Sie dann Ihr Zeitprotokoll analysieren. Dabei hilft Ihnen die tabellarische Übersicht auf der folgenden Seite. Suchen Sie nach den Aktivitäten, für die Sie die meiste Zeit investieren. Fragen Sie für jede der Aktivitäten, ob Sie weiterhin bereit sind, so viel Zeit dafür aufzuwenden.

Beantworten Sie sich nun für jede Tätigkeit folgende Fragen:

- War die Tätigkeit notwendig? Waren mehr als 10 Prozent der Tätigkeiten nicht unbedingt notwendig, dann liegt die Ursache in der Delegation und beim Setzen von Prioritäten.
- War der Zeitaufwand gerechtfertigt? War in mehr als 10 Prozent der Fälle der Zeitaufwand zu groß, dann müssen Sie die Ursachen näher untersuchen (Arbeitstechniken, Konzentration, Selbstdisziplin etc.).
- War die Ausführung zweckmäßig? War in mehr als 10 Prozent der Fälle die Ausführung nicht zweckmäßig, dann liegt der Schwerpunkt bei Planung, Organisation, Selbstrationalisierung.
- War der Zeitpunkt der Ausführung sinnvoll? War in mehr als 10 Prozent der Fälle der gewählte Zeitpunkt nicht sinnvoll, dann liegt die Ursache in der Planung und der Disposition Ihrer Arbeitszeit (Tagesgestaltung, Arbeitsvorbereitung, Leistungskurve etc.).

Arbeitsmittel: Tätigkeits- und Zeitanalyse

Tätigkeit	Notwendig?	Gerechtfertigt?	Zweckmäßig?	Sinnvoll?

Technik 2: Zeitdiebe identifizieren

Zeitdiebe stehlen Ihre Zeit. Meistens sind es Personen oder Tätigkeiten, die viel Zeit in Anspruch nehmen, Ihnen unglaublich auf die Nerven gehen und Sie am Ende mit wenigen Ergebnissen frustriert zurücklassen. Es gibt Zeitdiebe in uns selbst und Zeitdiebe in unserer Umgebung.

* Fehlende Prioritäten
* Aufschieberitis
* Disziplinlosigkeit
* Mangelnde Selbstorganisation
* Fehlende Tagesplanung
* Viele Aufgaben gleichzeitig
* Nicht Nein sagen können
* Mangelnde Kommunikation durch andere fehlende Informationen
* Chaos bei anderen
* Schlechte Absprachen
* Unklare Anforderungen
* Ungeplante Zusatzaufgaben
* Termindruck
* Häufige Unterbrechungen durch Telefonate
* Warten auf Gesprächspartner, Kunden, Chefs, Mitarbeiter usw.

Übersicht: So gehen Sie mit Zeitdieben um

Zeitdiebe	Mögliche Lösungen
Fehlende Planung und Organisation	
Ich habe kein Planungssystem.	Legen Sie sich ein Zeitplanbuch oder ein zu Ihnen passendes System zu.
Ich plane meine Arbeitstage nicht oder zu wenig.	Planen Sie am Abend des Vortages, welche Aufgaben am nächsten Tag unbedingt erledigt werden müssen.
Ich fürchte, den Überblick zu verlieren.	Mit einem Zeitplanbuch haben Sie eine bessere Übersicht als mit dem Stapel aller Unterlagen auf dem Tisch.
Ich bin auch ohne Planung erfolgreich.	Berücksichtigen Sie, dass geplante Aktivitäten sehr viel häufiger zu guten Ergebnissen führen als ungeplante.
Bei mir verläuft jeder Tag anders und Unvorhergesehenes kann ich ohnehin nicht planen.	Planung schafft Zeiträume für Unvorhergesehenes und die wirklich wichtigen Aktivitäten.
Ich schiebe gern auf.	Nehmen Sie die wirklich wichtigste Aufgabe zuerst in Angriff. Setzen Sie sich selbst Endtermine.
Ich setzte zu wenig oder keine Prioritäten.	Legen Sie Prioritäten nach den Kriterien „Dringlichkeit" und „Wichtigkeit" fest und erledigen Sie zuerst die Aufgaben mit den höchsten Prioritäten.
Ich setze keine oder zu selten Endtermine für die Aufgaben.	Setzen Sie sich bei allen Aufgaben einen realistischen Termin und halten Sie diesen auch ein.

Hast und Ungeduld	
Ich versuche, zu viel innerhalb zu kurzer Zeit zu tun.	Tun Sie weniger selbst, delegieren Sie mehr.
Ich bin zu ungeduldig, um mich auch im Detail um Dinge zu kümmern.	Erledigen Sie alle Aufgaben konsequent und richtig. Sparen Sie sich die Zeit, das Ganze später noch einmal anfangen oder überarbeiten zu müssen.
Unentschlossenheit	
Ich habe Angst, Fehler zu machen.	Erkennen Sie, dass jeder Fehler die Möglichkeit neuer Erfahrungen bietet (Lernprozess).
Meine Entscheidungen sind häufig emotional, nicht so sehr rational.	Sammeln Sie Tatsachen, setzen Sie Ziele und untersuchen Sie Alternativen. Verwenden Sie bewährte Entscheidungstechniken und führen Sie die getroffene Entscheidung auch durch.
Ich muss vor einer Entscheidung immer alle Fakten kennen.	Akzeptieren Sie Risiken als unvermeidbar. Treffen Sie Entscheidungen auch, ohne alle Tatsachen zu kennen. Oft ist eine mittelmäßige Entscheidung besser als keine Entscheidung.
Manche Sachen mache ich einfach ungern (fehlende Initiative, mangelnde Motivation).	Finden Sie die Gründe für Ihre eventuelle Unzufriedenheit heraus (Arbeitseinstellung, Mitarbeiter, Tätigkeiten).

Übersicht: Meine Zeitdiebe

Meine Zeitdiebe	Das können Sie künftig dagegen tun

Technik 3: Prioritäten setzen

Sortieren Sie Ihre Aufgaben nach Wichtigkeit und Dringlichkeit und vergeben Sie danach die Priorität der Aufgabe. Das „Eisenhower-Prinzip" ist dabei hilfreich. Es macht Ihnen deutlich, dass nicht alles, was dringlich ist, auch wichtig ist. Tun Sie Wichtiges vor dem Dringenden.

Eisenhower-Prinzip: Das Wichtigste vor dem Dringenden tun!

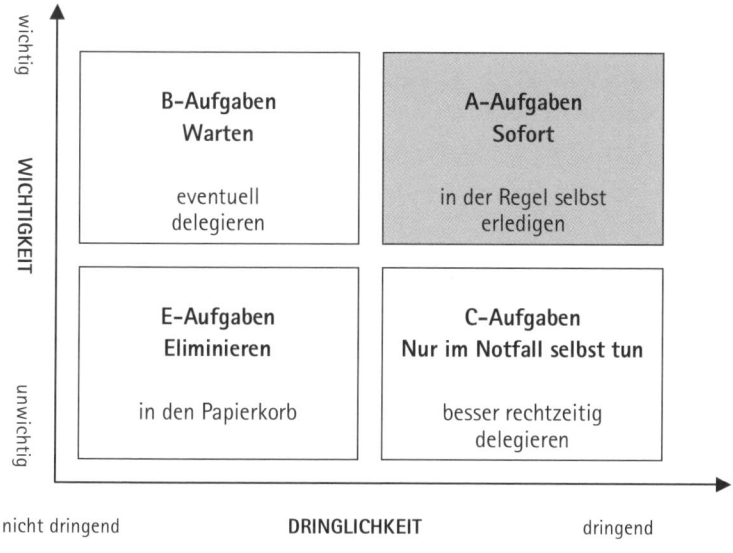

Abb.: Eisenhower-Prinzip

Wichtig sind diejenigen Aktivitäten, die zum Erreichen Ihrer Ziele beitragen und/oder das größte Erfolgspotenzial beinhalten. Wichtige Aufgaben sind von Ihren Auswirkungen und Folgen her gewichtig. Sie sind eher strategischer, langfristiger und präventiver Natur. Dringende Aufgaben haben einen festen, in der Regel sehr nahen Termin, zu dem sie abgeschlossen werden müssen. Dringende Aufgaben sind z. B. Präsentationen, Vorbereitungen für Kundentermine, Deadlines usw. Die folgenden Fragen werden Ihnen die Dimensionen „Wichtigkeit" und „Dringlichkeit" deutlicher machen.

Wichtigkeit

Welche Folgen sind zu erwarten? Wie hoch sind die Kosten? Wie groß ist der Schaden? Wer ist noch betroffen?

Dringlichkeit

Bis wann muss die Aufgabe erledigt sein? Wie viel Zeit habe ich? Wie dringend ist die Aufgabe jetzt?

Wie Sie Aufgaben kategorisieren

Die nachfolgende Kategorisierung bietet Ihnen fünf Klassen für Ihre Aufgaben, mit denen Sie sie basierend auf den Dimensionen „Wichtigkeit" und „Dringlichkeit" einteilen können. Kennzeichnen Sie jede Ihrer Aufgaben mit einem der folgenden Buchstaben.

A-Aufgaben sind dringend und wichtig. Oft stellen sich Ihnen Aufgaben der Klasse A in einer Krisensituation, z. B. wenn viel auf dem Spiel steht (= wichtig) und wenn Probleme schnell gelöst werden müssen (= dringend). Die Aufgabenklasse A beinhaltet Dinge, die Sie auf jeden Fall erledigen müssen. Bei Nichterledigung dieser Aufgaben könnten sich ernsthafte Konsequenzen ergeben. Wenn Sie mehrere A-Aufgaben haben, empfehle ich Ihnen, diese mit A1, A2, A3 usw. zu kennzeichnen.

Aufgaben der Klasse B sind solche, die im Augenblick noch nicht dringend, aber für die Zukunft wichtig sind. Wenn Sie Aufgaben der Klasse B vernachlässigen, geraten Sie möglicherweise schnell in eine Krisensituation, dann werden aus den B-Aufgaben sofort A-Aufgaben. Zu den B-Aufgaben gehören oft Aktivitäten, die einen präventiven oder strategischen Charakter haben. Ich empfehle Ihnen, nie etwas von Ihrer B-Liste in Angriff zu nehmen, bevor Sie nicht alle A-Prioritäten erledigt haben.

In die Aufgabenklasse C gehört das typische Tagesgeschäft. Es handelt sich dabei um solche Aufgaben, die dringend (weil sie schnell erledigt werden müssen), aber langfristig gesehen nicht wichtig sind. Bedenken Sie, dass C-Aufgaben zu A-Aufgaben werden können, wenn sie nicht rechtzeitig erledigt werden. Auch C-Aufgaben müssen erledigt werden, aber nicht von Ihnen. Ich empfehle Ihnen, diese Aufgaben zu delegieren.

D steht für Delegation. Damit Sie frei sind für die Aufgaben, die wirklich zu Ihrem aktuellen Erfolg beitragen, sollten Sie alles, was möglich ist, delegieren. Ihre Fähigkeit zu delegieren ist eine der wichtigsten Fertigkeiten im Leben. Oft lassen sich B- und C-Aufgaben und von den A-Aufgaben vorund nachbereitende Arbeiten delegieren. Tun Sie nichts, nur weil Sie es gerade können oder weil es Ihnen Freude macht.

Der Buchstabe E steht für Eliminieren. Streichen Sie so viele E-Aufgaben, wie Sie können, aus Ihrer Liste. Auf diese Weise gewinnen Sie Zeit, die Sie dann für wichtigere Dinge einsetzen können. Eliminieren Sie Aufgaben, die Sie vielleicht aus Gewohnheit weiter erledigen. Durchdenken Sie alles, was Sie tun. Ist es überhaupt noch nötig?

Tipp

Erledigen Sie A- und B-Aufgaben immer zuerst vor allen anderen. Dann gehen Sie an die C-Aufgaben. Vielleicht können Sie einige dieser Aufgaben an jemand anderen delegieren. Die E-Aufgaben, die Sie nicht erledigen wollen, brauchen Sie einfach nur zu ignorieren. sie verschwinden sozusagen von alleine.

Das Pareto-Prinzip: Arbeitszeit effizienter nutzen

Vilfredo Pareto (ital. Ökonom, 19. Jh.) stellte fest, dass 20 Prozent der Bevölkerung 80 Prozent des Volksvermögens besaßen. Beobachtungen haben gezeigt, dass sich dieses Prinzip auch auf unsere Zeitnutzung anwenden lässt. In 20 Prozent unserer Zeit erreichen wir 80 Prozent unserer Erfolge und in 80 Prozent unserer Zeit erreichen wir nur 20 Prozent unserer Erfolge. Das bedeutet, ein Großteil dessen, was uns zermürbt, stresst und erschöpft, bringt uns nur wenig Erfolg und Befriedigung. Zeitmanagement versucht, die 80 Prozent der schlecht genutzten Zeit besser zu nutzen.

Nutzen Sie das Pareto-Prinzip, wenn Sie Prioritäten auf Ihrer Aufgabenliste setzen. 20 Prozent dessen, was Sie heute tun, sollte 80 Prozent der Ergebnisse bringen. Wenn Sie eine Liste mit zehn Punkten haben, werden zwei Punkte auf dieser Liste wichtiger sein als alle acht anderen zusammen. Die 20 Prozent sind nicht einfach zu erledigen, die 80 Prozent jedoch sind leicht und machen Spaß. Welche werden Sie erledigen? Wenn Sie sich selbst disziplinieren, die 20-Prozent-Aufgaben zu erledigen, dann haben Sie wirklich die Kontrolle über Ihre Arbeit und Ihre Zeit.

Überprüfen Sie Ihre eigene Aufgabenverteilung. Welche 20 Prozent der Aktivitäten bringen Ihnen in der täglichen Arbeit 80 Prozent des Erfolgs? Welche Aktivitäten sind sehr zeitaufwändig, tragen aber kaum zum Erfolg der täglichen Arbeit bei? Dabei hilft Ihnen die folgende Übersicht.

Checkliste: Pareto-Prinzip

Aktivität	Zeitanteil	Anteil am Erfolg	

Technik 4: Tagesplanung nach der ALPEN-Methode

Eines der wichtigsten Instrumente für effektives Arbeiten ist der Tagesplan. Ein realistischer Tagesplan enthält grundsätzlich nur das, was Sie an diesem Tag erledigen wollen, müssen und vor allem auch können! Je mehr Sie die gesetzten Ziele für erreichbar halten, desto mehr mobilisieren Sie auch Ihre Kräfte und konzentrieren sich darauf, sie zu erreichen. Tagespläne verschaffen Ihnen einen schnellen Überblick und stellen sicher, dass Sie nichts vergessen.

Die ALPEN-Methode hilft Ihnen, Ihren Tag systematisch in fünf Stufen zu planen. Die Methode ist relativ einfach und erfordert nach einiger Übung nicht mehr als durchschnittlich fünf bis zehn Minuten tägliche Planungszeit. Sie ist darüber hinaus leicht zu behalten, da ihre Anfangsbuchstaben einen gegenständlichen Begriff wiedergeben.

A   Aufgaben zusammenstellen

Dazu gehören Termine, vorgesehene Aufgaben aus der Wochenplanung, Unerledigtes vom Vortag, neu Hinzugekommenes oder auch periodische Tätigkeiten (Post, Telefonate, Besuch etc.).

L   Länge der Tätigkeiten schätzen

P   Pufferzeiten für Unvorhergesehenes schaffen.

Verplanen Sie nur 60 Prozent Ihrer Tageszeit und reservieren Sie die restliche Zeit für Unvorhergesehenes.

E   Entscheidung über Prioritäten

Setzen Sie Prioritäten, delegieren Sie Aufgaben und Termine.

N   Nachkontrolle

Am Ende eines Arbeitstages überprüfen Sie Ihren Tagesplan. Alle unerledigten Aufgaben übertragen Sie entweder auf einen der kommenden Tage oder in Ihre Aktivitätenliste.

Technik 5: Arbeiten mit der Aktivitätenliste

In der Aktivitätenliste halten Sie alle Aufgaben fest, die in Ihrer Verantwortung liegen. Die Aktivitätenliste ist ein Instrument zur laufenden Kontrolle der geplanten Aktivitäten. Sie dient dazu,

- Überblick und Ordnung für Ihre Aufgaben zu schaffen,
- Prioritäten zu setzen,
- Verzettelung zu verhindern,
- die eigenen Kräfte immer wieder zu konzentrieren,
- Transparenz zu schaffen,
- Sie laufend an Kernaufgaben zu erinnern.

So arbeiten Sie mit der Aktivitätenliste

Schritt 1	Tragen Sie jede Aktivität, für die Sie verantwortlich sind, in Ihre Aktivitätenliste ein.
Schritt 2	Versehen Sie jede Aktivität mit einem Fertigstellungstermin.
Schritt 3	Ordnen Sie jeder Aktivität eine Priorität zu.
Schritt 4	Überprüfen Sie bei Ihrer regelmäßigen Tages-, Wochen- und Monatsplanung Ihre Liste. Fügen Sie neue Aktivitäten hinzu. Erledigte Aktivitäten erhalten den Status „o.k.". Aktivitäten, deren Fertigstellungstermin bereits überschritten ist, terminieren Sie neu.
Schritt 5	Aktivitäten, für die Sie verantwortlich sind, die Sie jedoch nicht unbedingt selbst erledigen müssen, können Sie – falls möglich – an jemand anderen delegieren. Für die Terminüberwachung sind jedoch Sie zuständig.

Übersicht: Aktivitätenliste

Datum	Aktivität (Was?)	Bis wann?	Priorität	Wer/mit wem?	O.k.?

CD-ROM

Zeitplanbücher sind weit mehr als einfache Terminkalender. Sie sind ein Führungsinstrument für die Zeit- und Zielplanung. Ein Zeitplanbuch enthält Termine, Aktivitätenlisten, Prioritäten, Tagespläne, Wochen- und/oder Monatsübersichten, Jahresübersichten und sonstige wichtige Informationen. Zeitplanbücher lassen sich vielfältig nutzen: als Terminkalender, Notizbuch, Planungsinstrument, Erinnerungshilfe, Adressbuch, Ideenspeicher und Kontrollwerkzeug.

5 Tipps zum Zeitsparen

Neben dem Erstellen von Zeitprotokollen, dem Setzen von Prioritäten und dem systematischen Planen der eigenen Zeit gibt es noch eine Reihe praktischer Tipps und Tricks, mit denen Sie Zeit sparen können.

Tipp 1: Vermeiden Sie Unterbrechungen

Kennen Sie das? Sie sind konzentriert und beschäftigen sich mit einer für Sie wichtigen Aufgabe. Nun kommt alle drei Minuten jemand herein und unterbricht Sie. Da ist es schnell vorbei mit der Konzentration. Jedes Mal, nachdem Sie von einem anderen Menschen unterbrochen wurden, brauchen Sie einige Minuten, um wieder mit der gleichen Konzentration weiterzuarbeiten wie vorher. Schon allein der Gedanke, dass Sie jeden Moment wieder gestört werden können, behindert Ihre Tiefenkonzentration.

Deswegen gilt: Vermeiden Sie Unterbrechungen. Wenn Sie jemand stört, dann sagen Sie demjenigen freundlich, dass Sie im Augenblick keine Zeit haben. Vereinbaren Sie mit dem „Störenfried" einen anderen Zeitpunkt, an dem Sie sich mit seinem Thema beschäftigen. Aber tun Sie es nicht sofort. Das verschafft Ihnen Ruhe und obendrein Respekt.

Sorgen Sie dafür, ungestört zu bleiben. Wenn Sie alleine in einem Zimmer sitzen, können Sie auch ein Schild an die Tür hängen, das anderen sagt, dass Sie jetzt nicht gestört werden wollen. Schalten Sie auch den Anrufbeantworter an, denn oft reißt uns das Telefon aus der Arbeit. Wollen Sie ganz sicher sein, dass Sie nicht gestört werden, dann ziehen Sie sich doch einfach an einen „unbekannten" Ort zurück. Das könnte eine Bibliothek oder das Büro eines Kollegen sein.

Tipp 2: Planen Sie ausdrücklich „ruhige Stunden" mit ein

Planen Sie einige „ruhige Stunden" am Tag, an denen Sie völlig ungestört arbeiten können. In diesen ruhigen und störungsfreien Zeiten können Sie deutlich mehr schaffen als sonst.

Für Ihre ruhigen Stunden eignen sich am besten die frühen Morgenstunden oder der Abend. Planen Sie ganz bewusst diese ein oder zwei Stunden in Ihrem Tagesablauf mit ein. Wenn Sie ein Zeitplanbuch oder einen Terminkalender haben, tragen Sie Ihre ruhigen Stunden dort wirklich ein und behandeln Sie diesen Termin so, wie einen Termin mit einer anderen Person.

Tipp 3: Nutzen Sie Ihre Leistungshochs

Jeder Mensch hat eine persönliche Leistungskurve, d. h. er ist zu bestimmten Tageszeiten leistungsfähiger als zu anderen. Viele Menschen haben z. B. ein Leistungshoch zwischen 8 und 12 Uhr, sacken dann mit ihrer Leistungsfähigkeit mittags ab und haben ein weiteres Leistungshoch zwischen 18 und 21 Uhr, das gefolgt wird von einem weiteren Leistungstief am späten Abend. Das sind natürlich nur verallgemeinerte Werte. Jeder Mensch hat seine eigene, ganz persönliche Leistungskurve.

Finden Sie heraus, wie Ihre persönliche Leistungskurve aussieht. Dazu können Sie für einige Tage jeweils stündlich aufschreiben, wie leistungsfähig und konzentriert Sie sich fühlen. Sie können für jeden Tag eine Tabelle mit einzelnen Kästchen für die Stunden verwenden und jeweils Ihre Leistungsfähigkeit mit Schulnoten bewertet in die Tabelle eintragen. So bekommen Sie schnell ein Gefühl dafür, zu welchen Tageszeiten Sie in Topform sind.

Sie können Ihr Leistungshoch gezielt ausnutzen, indem Sie Ihre wichtigsten Aufgaben erledigen, wenn Sie in Bestform sind. Zu den Zeiten am Tag, wo Sie ein Leistungstief haben, können Sie Routinearbeiten erledigen. So nutzen Sie Ihre Fähigkeiten optimal.

Tipp 4: Halten Sie sich an Ihre Zeitlimits

Egal ob Sie eine Aufgabe erledigen, einen geschäftlichen Termin wahrnehmen oder eine Besprechung haben, setzen Sie sich immer ein Zeitlimit und halten Sie es konsequent ein.

Es gibt eine scheinbar unerklärliche Wechselwirkung zwischen der Zeit, die uns für eine Aufgabe zur Verfügung steht, und der Zeit, die wir tatsächlich dafür brauchen. Meist brauchen wir genauso viel Zeit, wie uns zur Verfügung steht. Achten Sie einmal bei sich selbst darauf – es ist tatsächlich so! Wenn Sie sich also vornehmen, eine Aufgabe in einer bestimmten Zeitspanne zu erledigen, dann werden Sie wahrscheinlich auch genau diese Zeit dafür benötigen. Und genau deswegen ist eine wohl überlegte Zeitplanung auch einzelner Aufgaben sinnvoll.

Es gibt noch einen weiteren positiven Nebeneffekt, wenn wir uns für unsere Arbeitsschritte ein Zeitlimit setzen und diszipliniert auf die Einhaltung dieser Zeit achten: Wir arbeiten konzentrierter und fokussierter auf die konkrete Aufgabe hin und lassen uns weniger ablenken. Machen Sie es sich also am besten zur Gewohnheit, sich vor jeder Aufgabe und vor jeder Besprechung ein Zeitlimit festzusetzen, und versuchen Sie diszipliniert, dieses Limit einzuhalten.

Tipp 5: Teilen Sie große Aufgaben in sinnvolle Teilaufgaben auf

Große Aufgaben wirken allein schon wegen Ihrer Größe oft so, als ob sie gar nicht zu schaffen wären. Bei vielen Menschen führt das dazu, dass sie gar nicht erst anfangen wollen. Für dieses Problem gibt es ein Gegenmittel: Teilen Sie die große Aufgabe in kleinere Teilaufgaben auf und erledigen Sie diese einzeln.

Wenn Sie eine große Aufgabe vor sich haben, gehen Sie also wie folgt vor: Sie fragen sich, aus welchen einzelnen Tätigkeiten oder Teilschritten die jeweilige Aufgabe besteht. Diese einzelnen Schritte schreiben Sie auf und erledigen sie Schritt für Schritt, bis Sie Ihre große Aufgabe erledigt haben.

Wie können Sie Ihr Zeitmanagement überprüfen?

In der folgenden Checkliste sind die hier behandelten Regeln der systematischen Zeitplanung enthalten. Gehen Sie die Regeln einzeln durch und prüfen Sie, ob die Aussagen für Sie zutreffend sind.

Checkliste: So überprüfen Sie Ihr Zeitmanagement	
Ich bin sensibel für Störungen und Zeitdiebe und reduziere sie kontinuierlich.	
Ich schaffe mir „ruhige Stunden" für konzentriertes Arbeiten. (Ich mache einen Termin mit mir selbst.)	
Ich treffe klare Absprachen und Regeln mit Kollegen über Zuständigkeiten und Zeiten.	
Ich treffe mit mir selbst Vereinbarungen.	
Ich schaue erst auf mein Verhalten, um etwas zu ändern, und dann auf das der anderen.	
Ich lerne, Nein zu sagen.	

Ich definiere meine eigenen Grenzen und kommuniziere sie nach außen.	
Ich überprüfe immer wieder, ob mein eigener Arbeitsstil noch angemessen/effizient ist.	
Bei Terminabsprachen wirke ich aktiv mit und lasse mich nicht nur bestimmen.	
Unangenehmes erledige ich sofort.	
Große unangenehme Aufgaben zerlege ich in kleine, schnell zu erledigende Teilaufgaben.	
Ich prüfe, ob eine Aufgabe überhaupt jetzt, von mir und in dieser Form erledigt werden muss.	
Ich plane am Vortag, zukunftsorientiert und langfristig.	
Ich plane unter Beachtung meiner Leistungskurve und der Störzeiten.	
Ich achte auf sinnvolle Pausen.	
Ich fasse gleichartige Aufgaben zu Blöcken zusammen.	
Ich schließe eine Aufgabe ab, bevor ich etwas anderes Neues beginne.	
Ich verplane realistisch nur ca. 60 % meiner Zeit.	
Ich beschreibe Ergebnisse und plane Endtermine.	
Ich vergebe Prioritäten und plane danach.	
Ich plane Termine mit ausreichender Zeitreserve.	
Ich lege mir ein Planungssystem zu.	
Ich begrenze Lieblingsbeschäftigungen und Unwichtiges.	
Ich kontrolliere mich selbst und meinen Erfolg.	
Ich belohne mich selbst.	

10 Delegationstechniken

Delegation ist Ihr wesentlicher Hebel zur wirkungsvollen Multiplikation Ihrer Arbeitskraft. Mithilfe der Delegation von Aufgaben und Verantwortung können Sie Erfolge erreichen, die alleine nicht zu bewältigen sind. Sie können außerdem das Wissen Ihrer Mitarbeiter nutzen. Darüber hinaus ist Delegation ein wesentliches Instrument, um Ihre Mitarbeiter lernen und wachsen zu lassen – sie zu fördern. Ihren Mitarbeitern beweisen Sie, dass Sie Vertrauen in Ihre Mitarbeiter und deren Fähigkeiten haben.

Welche Aufgaben sollten Sie delegieren?

Bei der Delegation geht es nicht darum, Unangenehmes oder nur Randaufgaben abzuschieben. Die folgende Tabelle gibt Ihnen einen Überblick, welche Aufgaben Sie delegieren können und bei welchen Aufgaben von Delegation eher abzuraten ist.

Übersicht: Welche Aufgaben lassen sich delegieren?

CD-ROM

Delegierbare Aufgaben	Nicht delegierbare Aufgaben
Vorbereitungsaufgaben (z. B. Präsentationsvorbereitungen)	Führungsaufgaben wie Entscheidungen unternehmerischer Größe
Routineaufgaben	Kontrolltätigkeiten
Spezialistentätigkeiten	Führung und Motivation von Mitarbeitern
Detailaufgaben	Aufgaben mit großer Risikonahme
Stellvertretung bei Meetings und Besprechungen	Streng Vertrauliches
	Sonderfälle
	Dringende, brennende Aufgaben, bei denen keine Zeit für Kontrollen bleibt
	Beschwerden sind Chefsache
	Schnittstellenarbeit ist Manageraufgabe

Ein falsches Delegationsverständnis wird am folgenden Beispiel deutlich.

Beispiel: Führungsaufgaben sind nicht delegierbar

Eine Mitarbeiterin einer großen Altenwohn- und Pflegeeinrichtung übernahm – zusätzlich zu ihren normalen Aufgaben – Betriebsratsaufgaben. Die Situation in der Einrichtung war insgesamt kritisch. Hohe Arbeitsbelastung durch massiven Personalabbau und hohe Krankenstände sowie eine nicht befriedigende Führungssituation wirkten sich sehr nachteilig auf die Stimmung und die Motivation unter den Mitarbeitern aus. In einer morgendlichen Besprechung forderte die Pflegedienstleitung die genannte Mitarbeiterin auf, „nun als Betriebsrat doch endlich mal die Mitarbeiter zu motivieren". In diesem Fall handelte es sich zweifelsfrei um ein falsches Delegationsverständnis – Führung ist nicht delegierbar.

Wie gehen Sie bei der Delegation von Aufgaben vor?

Viele Führungskräfte sind hinsichtlich der Delegation sehr zögerlich. Zum einen mag das etwas mit dem am Anfang erhöhten Zeitaufwand zu tun haben, da Sie investieren müssen, um Aufgaben genau zu erläutern. Zum anderen gehen Sie natürlich auch das Risiko ein, dass Mitarbeiter Fehler machen, für die Sie zur Rechenschaft gezogen werden. Hier hilft nur Vorbereitung, Begleitung und Controlling der Mitarbeiter.

Der Erfolg der Delegation hängt sehr stark davon ab, wie Sie den Mitarbeiter auf die zu übernehmende Aufgabe vorbereiten und ob Sie ihn in alle für die Erledigung wichtigen Abstimmungsprozesse einbinden. Eine zeitnahe Information über Änderungen der Rahmenbedingungen ist von ebenso großer Bedeutung wie der Austausch über den Fortgang des Projektes und eventuell notwendige Maßnahmen.

Delegation beinhaltet mehr als die bloße Weitergabe von Aufgaben. Damit Delegation zu einem wirkungsvollen Führungsinstrument wird, sollten Sie Folgendes beachten:

- klare Zielbeschreibung,
- Klären der Randbedingungen und Ressourcen,
- Festlegen des Zeitrahmens (bis wann ist die Aufgabe zu erledigen),
- Definition von Qualitätsmerkmalen,
- Klären von Kosten.

Schritt 1: Bereiten Sie die Delegation vor

Sinnvolle Delegation kann erst stattfinden, nachdem Sie einen Qualifikations- und Motivations-Check vorgenommen haben. Sie müssen sich sicher sein, dass das für die Erfüllung der Aufgabe notwendige Können (Wissen, Fähigkeiten, Erfahrung) und Wollen (Motivation, Engagement, Selbstvertrauen) beim Mitarbeiter vorhanden ist.

Damit der Mitarbeiter einen Sinn in seinem Handeln erkennt, müssen Sie ihm einen Einblick in den Gesamtzusammenhang geben. Zu guter Letzt sind nicht nur die Aufgaben als solche, sondern auch die entsprechenden Ressourcen und Hilfsmittel zur Verfügung zu stellen, damit der Mitarbeiter die Aufgabe vom Mitarbeiter erledigen kann.

An wen können Sie welche Aufgabe delegieren?

Bei der Suche nach dem geeigneten Mitarbeiter für die zu delegierenden Aufgaben stehen die Qualifikation und die Motivation des Mitarbeiters im Vordergrund. Mit der folgenden Übersicht verschaffen Sie sich einen Überblick, welcher Mitarbeiter welche Qualifikationen mitbringt.

Übersicht: So finden Sie den richtigen Mitarbeiter für die richtige Aufgabe

CD-ROM

Aufgabe	Mitarbeiter 1	Mitarbeiter 2	Mitarbeiter 3	Mitarbeiter 4
Qualifikation				
Auslastungsgrad				
Wachstums- und Entwicklungspotenzial durch das Erledigen der Aufgabe				
Entscheidungskompetenz				

Schritt 2: Unterstützen Sie Ihren Mitarbeiter

Bieten Sie dem Mitarbeiter Ihre Begleitung an, achten Sie jedoch darauf, dass der Mitarbeiter Lösungen selbstständig erarbeitet. Lassen Sie auf keinen Fall zu, dass der Mitarbeiter die Lösungsvorschläge bei Ihnen „abholt". Fordern Sie im Gegenteil ein, dass er Ihnen Lösungsvorschläge präsentiert, die er erarbeitet und bewertet hat.

Bedenken Sie, dass ein Zuviel an Hilfe als Einmischung gewertet werden kann und die Motivation und das Selbstbewusstsein des Mitarbeiters darunter leiden können.

Wie behalten Sie den Überblick über die delegierten Aufgaben?

Den Überblick über mehrere delegierte Aufgaben behalten Sie, indem Sie mit Ihren Mitarbeitern vereinbaren, dass diese Sie kurz und prägnant per E-Mail, z. B. in Form eines Wochenberichts, über den aktuellen Stand ihrer Aktivitäten informieren. Sie sind so jederzeit in der Lage, auch Anfragen Dritter kompetent zu beantworten. Das schriftliche Festhalten der delegierten Aufgaben hilft Ihnen nicht nur, den Überblick zu behalten, sondern unterstützt auch die Konkretisierung des Arbeitsauftrags. Darüber hinaus bildet das schriftlich Festgehaltene die Grundlage für die Kontrolle der Arbeitsergebnisse (vgl. Schritt 3). Ein einfaches Beispiel gibt Ihnen die nachfolgende Übersicht.

Übersicht: Stand der delegierten Aufgaben

CD-ROM

Aufgabe	Mitarbeiter	Was läuft gut? Was ist schon erledigt?	Wo gibt es Probleme bzw. Verzögerungen?	Maßnahmen

Schritt 3: Kontrollieren Sie die Arbeitsergebnisse

Mit Delegation entlasten Sie sich nicht nur selbst, Delegation soll auch einen Lernanreiz für den Mitarbeiter haben. Zum Lernen gehören Rückmeldung, also Kontrolle, und eine Besprechung der Arbeitsergebnisse. Dies gibt dem

Mitarbeiter Gelegenheit, die eigene Vorgehensweise und sein Arbeitsverhalten zu reflektieren und Verbesserungsmöglichkeiten zu erkennen. Als Führungskraft erhalten Sie einen besseren Überblick über die Kompetenzen des Mitarbeiters und über die Bereiche, in denen noch weitere Unterstützung und Qualifizierung erforderlich sind. Gleichzeitig erhalten Sie mit den Arbeitsergebnissen auch ein Feedback zu Ihrem Führungs-, Delegations- und Unterstützungsverhalten: Welche der Fehler hätten Sie durch ein anderes Vorgehen bei Ihrer Delegation verhindern können?

Achten Sie auf fortlaufende Kontrolle: Die Anzahl der Rückmeldegespräche und die Zeitabstände zwischen ihnen sollten sich an Schwierigkeitsgrad, Dauer und Umfang der delegierten Aufgabenstellung orientieren.

Tipp

Erarbeitete Ergebnisse, auch Zwischenergebnisse, sollten Sie zeitnah kontrollieren. Sie stellen so zum einen sicher, dass die Aufgabenstellung wie vereinbart bearbeitet wird, und zum anderen, dass Ihr Mitarbeiter arbeitsfähig bleibt und es zu keinen Verzögerungen kommt.

In der folgenden Checkliste sind die wesentlichen Fragen zum Thema Delegation noch einmal zusammengefasst. Die Beantwortung der Fragen wird Ihnen bei einer Optimierung Ihrer Delegation helfen.

Checkliste: So optimieren Sie Ihre Arbeit durch Delegation	
Habe ich früh genug delegiert?	
Habe ich fortlaufend kontrolliert?	
Habe ich meine Unterstützung angeboten?	
Habe ich genügend Termine vereinbart?	
Habe ich Qualitäts- und Erfolgskriterien transparent gemacht?	
Habe ich alle notwendigen Informationen (Zusammenhänge, größere Ziele usw.) weitergegeben?	
Habe ich den Zugang zu allen notwendigen Ressourcen ermöglicht?	
Habe ich eine Vereinbarung getroffen, dass bei Problemen eine frühzeitige Meldung erfolgt?	
Habe ich ein Feedback gegeben?	

Habe ich genügend attraktive Aufgaben delegiert?	
Habe ich genügend anspruchsvolle Aufgaben delegiert?	
Waren die delegierten Aufgaben zu anspruchsvoll?	
Habe ich die Vorschriften für die Erledigung der Aufgabe erläutert?	
Habe ich eine Rückdelegation angenommen?	
Habe ich zwischendurch die Nerven verloren und meinem Mitarbeiter "dazwischengefunkt"?	
Habe ich die Aufgabe wirklich nur an eine Person delegiert?	
Habe ich sich verändernde Prioritäten weitergeleitet?	
Habe ich den Entscheidungsrahmen festgelegt?	

11 Personalentwicklungsmethoden

Welche Mitarbeiter Sie wie fördern

Wie erkennen Sie, welche Personalentwicklungsmaßnahme für welchen Mitarbeiter am besten geeignet ist? Hier kann Ihnen ein einfaches Modell helfen. Es beinhaltet die Dimensionen Können und Wollen. Die Dimension Können fragt: „Kann der Mitarbeiter die Anforderungen der Tätigkeit, so wie sie heute an ihn gestellt werden, zu 0, zu 50 oder zu 100 Prozent erfüllen?". Gleiches gilt für die Dimension Wollen.

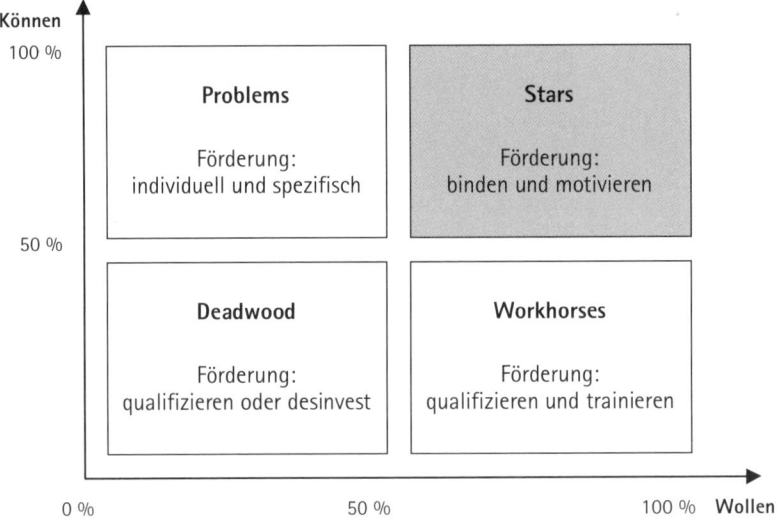

Abb.: Das Personalportfolio

In dem Kästchen rechts oben sind die Mitarbeiter aufgeführt, die sowohl können als auch wollen. Das sind unsere „Stars".

Im Quadranten rechts unten finden Sie die „Workhorses". Das sind Mitarbeiter, die zwar wollen, aber nicht oder noch nicht können.

Im dritten Quadranten unten links finden Sie Mitarbeiter, die nicht können, aber – wesentlich problematischer – auch nicht wollen: der Deadwood.

Die problematischste Zielgruppe finden Sie im Quadranten oben links. Dies sind unsere „Problems", die Problemfälle.

Welche Personalentwicklungsmaßnahme ergreifen Sie für wen?

Wenn Sie Ihr Personalportfolio anhand Ihrer realen Mitarbeiter erarbeitet haben, können wir jetzt daran gehen, Strategien für die unterschiedlichen Zielgruppen zu entwickeln.

Personalentwicklung für die Gruppe der „Stars"

Personalentwicklung lohnt sich am meisten bei den „Stars". Sie haben das größte Wachstumspotenzial. Potenziale sind primär eine Frage des Wollens. Solche Kandidaten stellen häufig viele Fragen. Dies ist eine Voraussetzung für auftauchendes Verständnis, das Entwickeln von Hintergrundwissen und eigener Optimierung. Mitarbeiter mit Wachstumspotenzial setzen sich häufig expansive Ziele. Das Formulieren von Qualitätsmaßstäben und Gütekriterien an ihre Tätigkeit deutet auf eine Auseinandersetzung mit ihren eigenen Ansprüchen hin. Die Arbeit mit dem eigenen Anspruchsniveau führt zu einer Verbesserung, weil man selbst wahrnimmt, dass man den Anforderungen – idealerweise den selbst gesetzten – noch nicht genügt. Auch eine kritische Auseinandersetzung mit gemachten Erfahrungen und Erlebnissen deutet darauf hin, dass mit einem eigenen Anspruchsniveau gearbeitet wird.

Tipp

Bei den „Stars" müssen Sie die Motivation und die Bindung an das Unternehmen ins Zentrum Ihrer Aufmerksamkeit rücken. Dazu können Sie Delegation, Projektarbeit und Sonderaufgaben nutzen. Zielvereinbarungen sind für diese Mitarbeiter ein wichtiges Steuerungs- und Motivationsinstrument.

Versäumen Sie nicht, diesen Mitarbeitern Perspektiven aufzuzeigen und auch mit ihnen an deren Erreichung zu arbeiten. Bei High-Potentials kann es passieren, dass sie irgendwann „abheben" und sich selbst für „überragend" halten. Für diese Mitarbeiter ist die folgende Strategie empfehlenswert: Geben Sie ihnen Aufgaben, die mindestens eine Nummer zu groß für sie sind, und helfen Sie im letzten Moment, ohne dass derjenige es merkt. Die zu verzeichnenden Erfolge heben das Selbstbewusstsein und fördern den Stolz. Anschließend geben Sie ihnen ein Projekt, das wiederum eine Nummer zu groß ist für sie und helfen aber diesmal nicht im letzten Moment. Die Lernerfahrung besteht hier darin, mit Misserfolgen umzugehen und trotzdem festzustellen, dass man weiter akzeptiertes Mitglied des Teams ist. Dies fördert die Loyalität und Bindung. Sie müssen aber sicher sein, dass es sich hier wirklich um ausgewiesene Potenzialträger handelt. Wenn Sie diese Strategie bei „Workhorses" oder „Problems" anwenden, kann das sehr negative Auswirkungen auf deren Selbstsicherheit und Stabilität haben.

Personalentwicklung für die Gruppe der „Workhorses"

Bei den „Workhorses" stehen Lernen und Kompetenzzuwachs bei gleichzeitigem Erhalt der Motivation im Vordergrund. Qualifikation und Personalentwicklung ist bei dieser Zielgruppe unerlässlich.

Personalentwicklung für die Gruppe der „Deadwoods"

Wenn Sie Mitarbeiter im Bereich „Deadwood" haben und sich nicht von ihnen trennen können oder wollen, stehen die Qualifizierung oder Repositionierung für eine richtige und umfassende Aufgabenwahrnehmung im Vordergrund. Hier geht es nicht so sehr um Ziele und Zielerreichung, sondern um Kompetenzverbesserung.

Personalentwicklung für die Gruppe der „Problems"

Für die Gruppe der „Problems" gibt es keine klare Strategie wie bei den anderen drei Zielgruppen. Sie müssen individuell und selektiv vorgehen: individuell deshalb, weil Sie jeden Fall einzeln betrachten müssen, und selektiv, weil Sie daran arbeiten müssen, die in diesem Feld befindlichen Mitarbeiter entweder in das Feld „Stars" zu bringen oder in das Feld „Deadwood". Bei diesen Mitarbeitern steht das Widererwecken der Motivation im Vordergrund. Zielvereinbarungen können auch für sie ein wichtige Motivations- und Steuerungsinstrument sein.

Auf welchen Ebenen Sie Ihr Personal entwickeln können

Das Spektrum der Personalentwicklungsmethoden ist breit. Die betrieblichen Personalentwicklungsmaßnahmen lassen sich in fünf Gruppen unterteilen:

1. Into-the-job
2. Along-the-job
3. On-the-job
4. Near-the-job
5. Off-the-job

Im Folgenden werden diese Umsetzungsformen von Personalentwicklungsmaßnahmen im Einzelnen vorgestellt.

1. Into-the-job

Die Personalentwicklungsmethode „into-the-job" beinhaltet die Frage, wie ein neuer Mitarbeiter in sein neues Berufsfeld begleitet werden kann. Sie sollten stets für eine systematische Einarbeitung Ihrer neuen Mitarbeiter sorgen. Dies ist eine sinnvolle und effektive Personalentwicklungsmaßnahme, die in der betrieblichen Praxis leider häufig vernachlässigt wird.

2. Along-the-job

Mit der Umsetzung „along-the-job" ist der Grundgedanke verbunden, Mitarbeiter bewusst im Sinne einer Gestaltung und Förderung ihrer beruflichen Laufbahn zu unterstützen. Wenn Sie Ihre Mitarbeiter und deren Potenziale an das Unternehmen binden wollen, ist es von großer Bedeutung, ihnen eine Perspektive aufzuzeigen. Thematisieren Sie in den Personalentwicklungsgesprächen mit Ihren Mitarbeitern mögliche Laufbahnmuster. Aufgrund des betrieblichen Abbaus von Hierarchien haben typische aufstiegsorientierte und vertikale Planungen in den letzten Jahren an Bedeutung verloren. Stattdessen treten nun horizontale Maßnahmen im Sinne von Fach- und Projektlaufbahnen in den Vordergrund.

Fachlaufbahnen sehen parallel zur typischen Führungslaufbahn Rangstufen mit entsprechenden Bezeichnungen und Anreizen zu den Leitungsebenen vor. Charakteristisch für solche Fachlaufbahnen ist ein hoher Anteil an reinen Fachaufgaben und kein oder nur ein sehr geringer Anteil an Führungs- und allgemeinen Managementaufgaben. Fachlaufbahnen bieten den Vorteil, dass Spezialisten nicht zwangsläufig in Führungspositionen befördert werden.

Projektlaufbahnen sind von den normalen Projektaufgaben abzugrenzen. Die Projekte sind nicht als „Durchgangsstation" für eine spätere Führungslaufbahn zu betrachten, sondern als eine tatsächliche Karrierealternative. Im Rahmen der Leitung bereichsübergreifender Projektteams können unternehmerische Fertigkeiten ausgebaut werden. Zusätzlich bieten Projektlaufbahnen die Möglichkeit, die individuellen Zielvorstellungen der Mitarbeiter zu berücksichtigen.

3. On-the-job

Das Lernen am Arbeitsplatz ist eine der effektivsten und dazu eine äußerst effiziente Form der Qualifikation von Mitarbeitern. Hier werden drei Formen unterschieden:

Job Rotation beinhaltet eine zeitlich begrenzte Übernahme von Aufgaben einer anderen Stelle auf der gleichen Hierarchieebene. Dies stärkt die Fähigkeiten für das eigene Aufgabengebiet und ermöglicht ein breiteres Einsatzspektrum des Mitarbeiters. Darüber hinaus wird die Gefahr von „Betriebsblindheit" gemindert.

Job Enlargement bedeutet eine Ergänzung der Aufgaben des Mitarbeiters auf seiner Stelle durch Hinzufügen neuer, qualitativ gleichwertiger Aufgaben.

Beim Job Enrichment wird der Aufgabenbereich des Mitarbeiters durch das Hinzufügen qualitativ anspruchsvollerer Aufgaben oder Aufgaben mit höherer Verantwortung erweitert. In diesem Rahmen wäre zum Beispiel der Einsatz des Mitarbeiters als Assistent, Nachfolger oder Stellvertreter denkbar. Die neue Herausforderung steigert meist auch die Motivation des Mitarbeiters.

4. Near-the-job

Die Förderung von Mitarbeitern kann auch durch einen zeitweisen Einsatz in Projektgruppen parallel zur Arbeit in der derzeitig besetzten Position erfolgen. Da ein Einsatz in ganz verschiedenen Projekten erfolgen kann und soll, die nicht unmittelbar mit der eigentlichen Arbeitsaufgabe der Mitarbeiter in Zusammenhang stehen, wird diese Förderung von Mitarbeitern als Personalentwicklung „near-the-job" bezeichnet. Neben dem befristeten Einsatz von Mitarbeitern in Projektgruppen sind folgende Maßnahmen denkbar:

- längerfristige Projektbegleitung
- Übernahme zeitlich befristeter Sonderaufgaben
- Leitung von Kleingruppen innerhalb einer Abteilung oder Gruppe
- Tätigkeit als Ausbilder
- Übernahme von Moderatorenaufgaben

5. Off-the-job

Die Maßnahmen „off-the-job" werden außerhalb der Arbeit in der derzeitig besetzten Position durchgeführt. Dies können interne Weiterbildungen oder auch externe Seminare sein. Ihre Aufgabe als Führungskraft besteht darin, Ihren Mitarbeitern je nach Bedarf eine Teilnahme an derartigen Maßnahmen zu ermöglichen.

Teil 3

Anleitungen zu betrieblichen Situationen

Auswahl und Einarbeitung von neuen Mitarbeitern

Lesen Sie hier, wie Sie

- ein Anforderungsprofil erstellen,
- Bewerbergespräche führen,
- den ersten Arbeitstag eines Mitarbeiters gestalten,
- einen neuen Mitarbeiter einarbeiten.

1   Ein Anforderungsprofil erstellen

Wer nicht weiß, was er sucht, wird alles Mögliche (oder auch nichts) finden. Stellen Sie sich zunächst die Frage, was jemand wissen, können und wollen muss, um die Position erfolgreich auszufüllen. Nur wenn Sie ein klares Anforderungsprofil erstellt haben, können Sie die Passung zwischen Bewerber und Position beurteilen.

Übersicht

Hier haben wir übersichtlich zusammengefasst, welche Schritte Sie bei der Erstellung eines Anforderungsprofils im Einzelnen beachten müssen. Anschließend finden Sie eine ausführliche Schritt-für-Schritt-Anleitung und hilfreiche Arbeitsmittel.

Übersicht: Ein Anforderungsprofil erstellen	
Schritt 1: Ziele der Position identifizieren	
Welche Ziele wollen Sie mit der Position erfüllen?	
Warum investieren Sie (so viel) Geld in die Besetzung der Position?	
Arbeiten Sie pro Position ca. drei bis fünf Positionsziele heraus.	
Schritt 2: Kernaufgaben der Position herausarbeiten	
Beschreiben Sie, was getan werden muss, und zwar in Tätigkeitsbegriffen, nicht in Eigenschaftsaussagen.	
Was muss getan werden, um die Positionsziele zu erreichen?	
In welchen Situationen erkenne ich, ob es sich um sehr gute oder weniger gute Positionsinhaber handelt? (Critical-Incidence-Technik)	
Schritt 3: Anforderungen an den potenziellen Mitarbeiter ableiten	
Was muss ein potenzieller Mitarbeiter **können**, um die definierten Aufgaben gut zu erfüllen?	
Was muss ein potenzieller Mitarbeiter **wollen**, um die definierten Aufgaben gut zu erfüllen?	

Anleitung

Schritt 1: Ziele der Position identifizieren

Identifizieren Sie die Ziele, die durch die Position erreicht werden sollen. Stellen Sie sich dabei folgende Frage: „Welche Ziele wollen Sie mit der Position erfüllen?" oder: „Warum investieren Sie (so viel) Geld in die Besetzung der Position?" Die Antworten auf diese Fragestellung beginnen immer mit: „Es soll erreicht werden, dass …" oder „Es soll sichergestellt werden, dass …" Extrahieren Sie pro Position etwa drei bis fünf Positionsziele.

Schritt 2: Kernaufgaben der Position herausarbeiten

Im zweiten Schritt werden für die ermittelten Positionsziele jeweils vier bis sechs Kernaufgaben extrahiert. Konzentrieren Sie sich auf die wesentlichen, zur Erfüllung der Tätigkeit notwendigen Aufgaben, die jemand gut erfüllen muss, um das jeweilige Positionsziel zu erreichen. Beschreiben Sie, was getan werden muss, und zwar in Tätigkeitsbegriffen, nicht in Eigenschaftsaussagen. Fragen Sie sich: „Was muss getan werden, um die Positionsziele zu erreichen?" Üblicherweise werden Sie pro Positionsziel vier bis sechs Aufgaben oder Tätigkeiten extrahieren können. Es ist wichtig, dass Sie sich hier nicht in die Irre führen lassen und die Beschreibung anhand von Fähigkeiten, Fertigkeiten, Einstellungen oder Überzeugungen vornehmen. Hier geht es ausschließlich um die Betrachtung dessen, was in der Tätigkeit gefordert ist, losgelöst von der Person. Die Hilfsfrage funktioniert folgendermaßen: Gehen Sie vor Ihrem geistigen Auge einmal besonders gute und danach weniger gute Positionsinhaber durch und beantworten Sie folgende Frage: In welchen Situationen erkenne ich, ob es sich um sehr gute oder weniger gute Positionsinhaber handelt? Mit dieser Technik, die „Critical-Incidence-Technik" genannt wird, können Sie recht gut identifizieren, welche Situationen für die Tätigkeit wirklich erfolgsentscheidend sind. Es ist bei weitem nicht so, dass sich Leistungsträger und leistungsschwache Mitarbeiter in allen Situationen unterscheiden, dies reduziert sich im Normalfall auf einige wenige Situationen.

Schritt 3: Anforderungen an den Mitarbeiter ableiten

Im dritten Schritt leiten Sie aus den Aufgaben ab, was ein potenzieller Mitarbeiter wollen und können muss, um die definierten Aufgaben gut zu erfüllen und die Positionsziele sicher zu erreichen. Erst jetzt geht es also um die Anforderungen.

Seien Sie pingelig und unterscheiden Sie wirklich zwischen Können und Wollen – auch wenn das nicht immer ganz einfach ist und sich Überschneidungen kaum vermeiden lassen. Wenn Sie an dieser Stelle unterscheiden, erleichtern Sie sich die Vorbereitung und das Führen der Interviews mit den Bewerbern. Für die Bereiche „Können" und „Wollen" werden Sie unterschiedliche Fragen stellen müssen.

Das folgende Beispiel macht die Vorgehensweise bei der Erstellung eines Anforderungsprofils für die Position „Leiter Controlling" deutlich.

Positionsziel 1	Kernaufgaben zum Positionsziel	Anforderungen „Wollen und Können"
Konzeption und Implementierung eines einheitlichen Reportingsystems für die Auslandstochtergesellschaft	• Abstimmung von Reportingumfang und –frequenz mit den Tochtergesellschaften • Auswählen, Prüfen und Bewerten geeigneter Reporting-Systeme	• Sehr gute Englischkenntnisse • Erfahrung mit Reporting-Systemen • Analytisches und konzeptionelles Denken • Hohe Detailorientierung • Selbstbewusstsein und persönliches Standing • ...

Arbeitsmittel

In diesem Abschnitt und auf der CD-ROM finden Sie Arbeitsmittel, die Sie bei der Erstellung eines Anforderungsprofils unterstützen.

- Arbeitsblatt: Anforderungsanalyse (Blanko-Formular)

Positionsziele	Aufgaben	Anforderungen Können	Anforderungen Wollen
1.	1. 2. 3.		
2.	1. 2. 3.		
3.	1. 2. 3.		

2 Ein Bewerbergespräch führen

Ohne Zweifel steht das Bewerbungsgespräch bei der Personalauswahl an erster Stelle, denn es ist ein geeignetes Instrument, um umfassende Informationen über den Bewerber zu erhalten. Wie bei allen Gesprächen ist es auch für Auswahlgespräche von großer Bedeutung eine klare Struktur zu haben. Ein Bewerbergespräch besteht aus drei Phasen: Der Vorbereitungsphase, dem eigentlichen Gespräch und seiner Nachbereitung. Der Erfolg des Einstellungsgesprächs hängt davon, wie gut Sie die jeweiligen Phasen gestalten.

Übersicht

Hier haben wir übersichtlich zusammengefasst, wie Sie ein Vorstellungsgespräch vorbereiten, durchführen und nachbereiten. Anschließend finden Sie eine ausführliche Schritt-für-Schritt-Anleitung und hilfreiche Arbeitsmittel.

Übersicht: Das Bewerbergespräch	
Schritt 1: Die Vorbereitung des Bewerbergesprächs	
Vergegenwärtigen Sie sich die Anforderungen und Besonderheiten der zu besetzenden Stelle.	
Notieren Sie sich Muss- und Wunschanforderungen an den Bewerber.	
Gehen Sie die Bewerbungsunterlagen noch einmal durch und notieren Sie sich Fragen zum Werdegang des Bewerbers.	
Schritt 2: Die Durchführung des Bewerbergesprächs	
1. Begrüßung und Warming-up	
2. Ablauf, Grundsätzliches zum Gespräch	
3. Eigene, persönliche Vorstellung	
4. Kurze Vorstellung der zu besetzenden Stelle und des Unternehmens	
5. Bitte um kurze Skizze des Lebenslaufs	
6. Beginn der Fragen	
7. Nachfragen: „Haben wir etwas Wichtiges vergessen?" „Wie haben Sie das Gespräch erlebt?"	

8. Ggf. kurze Neuaufnahme des Gesprächs	
9. Ausführliche Vorstellung der offenen Position und des Unternehmens	
10. Klärung der weiteren Vorgehensweise und Verabschiedung	
Schritt 3: Die Nachbereitung des Bewerbergesprächs	
Bewerten Sie den Bewerber anhand der Beurteilungskriterien aus dem Anforderungsprofil.	
Unterscheiden Sie bei der Beurteilung des Bewerbers zwischen Muss- und Wunschzielen. Erfüllt der Bewerber die Mussanforderungen an die Stelle?	

Anleitung

Schritt 1: Die Vorbereitung des Bewerbergesprächs

Für Bewerbergespräche sollten Sie sich sowohl persönlich als auch inhaltlich gut vorbereiten.

Persönliche Vorbereitung

Als Personalverantwortlicher treten Sie dem Bewerber als Repräsentant Ihres Unternehmens gegenüber. Dabei hängt es von der Branche und dem Image des Unternehmens ab, wie Sie auftreten. Höflichkeit sollte selbstverständlich sein.

In konservativen Unternehmen tragen Frauen üblicherweise Rock oder Hose plus Blazer, für Männer sind Sakko und Krawatte Pflicht. In Kleinbetrieben, ebenso wie in manchen Branchen (z. B. Marketing-Agenturen) darf die Kleidung auch legerer ausfallen. Trotzdem sollte Sie stets repräsentabel sein.

Inhaltliche Vorbereitung

Für die inhaltliche Vorbereitung sollten Sie sich die Details und Besonderheiten der zu besetzenden Position vergegenwärtigen und ggf. schriftlich festhalten. Dabei können Sie sich an dem Anforderungsprofil orientieren, das Sie bei der Stellenausschreibung erstellt haben (vgl. Teil 3, Kapitel 1). Was sind Ihre Muss- und Wunschanforderungen? Erarbeiten Sie Bewertungskriterien im Hinblick auf die Anforderungen der Stelle und stimmen Sie diese mit Ihren Kollegen ab, die auch an dem Bewerbergespräch teilnehmen.

Gehen Sie zur Vorbereitung des Bewerbergesprächs noch einmal die Bewerbungsunterlagen des Kandidaten durch: Vergegenwärtigen Sie sich seinen Werdegang und bereiten Sie Fragen, z. B. zu möglichen Lücken im Lebenslauf, vor.

> **Tipp**
>
> Um dem Bewerber ein anschauliches Bild von Ihrem Unternehmen geben zu können, sollen Sie Prospekte, Organigramme oder ggf. Produkte mit in das Bewerbergespräch nehmen.

Schritt 2: Durchführung des Bewerbergesprächs

Das Interview dauert in der Regel eine bis höchstens zwei Stunden. Angesichts dieser kurzen Zeitspanne dürfen Sie Ihre Ziel während des Gesprächs nicht aus den Augen verlieren: Sie wollen möglichst viele relevante Informationen von und über den Bewerber in Erfahrung bringen, um festzustellen, ob er sich für die Position eignet.

Um einen strukturierten Gesprächsablauf zu gewährleisten, sollten Sie bewährte Fragetechniken anwenden. In Teil 2, Kapitel 1 bietet eine Auswahl von zielführenden Fragetechniken. Im Abschnitt „Arbeitsmittel" und auf der CD-ROM finden Sie eine Checkliste für die Planung des Gesprächsablaufs.

Schritt 3: Die Nachbereitung des Bewerbergesprächs

Personalauswahl anhand von Beurteilungskriterien

Bevor Sie sich für oder gegen einen Bewerber entscheiden, sollten Sie die Ergebnisse des Bewerbergesprächs mit früheren Aufzeichnungen vergleichen. Denn vielleicht ist es notwendig, die Bewertungskriterien anzupassen. Anschließend sollten Sie alle verfügbaren Daten über den Bewerber noch einmal sorgfältig studieren, um eine fundierte Entscheidung treffen zu können.

Für die Bewertung des Bewerbers stehen Ihnen zunächst die Beurteilungskriterien aus dem Anforderungsprofil zur Verfügung (vgl. Teil 3, Kapitel 1): fachliche, soziale, methodische und personale Kompetenzen bzw. Muss- und Wunsch-Kriterien. Darüber hinaus bildet die Übereinstimmung mit der Unternehmenskultur ein wichtiges Kriterium. Weitere messbare Beurteilungskriterien sind:

- Berufserfahrung
- Beurteilungen bisheriger Arbeitgeber (Zeugnisse)

- Teamfähigkeit
- Durchsetzungsvermögen
- Identifikation mit den Unternehmenszielen
- Authentizität im Auftreten

Arbeitsmittel

In diesem Abschnitt finden Sie 2 hilfreiche Checklisten, die Sie bei der Durchführung eines Bewerbergesprächs einsetzen können. Die CD-ROM enthält neben diesen Checklisten auch einen umfangreichen Gesprächsleitfaden für ein Vorstellungsgespräch.

- Checkliste: Gesprächsablauf für ein Bewerbergespräch
- Checkliste: Beurteilung des Bewerbers

Die folgende Checkliste hilft Ihnen, das Bewerbergespräch strukturiert zu gestalten. Sie enthält 10 Schritte für eine effektive Gesprächsführung:

Checkliste: Gesprächsablauf für ein Bewerbergespräch		
1.	Begrüßung und Warming-up	
2.	Ablauf, Grundsätzliches zum Gespräch	
3.	Eigene, persönliche Vorstellung	
4.	Kurze Vorstellung der zu besetzenden Stelle und des Unternehmens	
5.	Bitte um kurze Skizze des Lebenslaufs	
6.	Beginn der Fragen	
7.	Nachfragen: „Haben wir etwas Wichtiges vergessen?" „Wie haben Sie das Gespräch erlebt?"	
8.	Ggf. kurze Neuaufnahme des Gesprächs	
9.	Ausführliche Vorstellung der offenen Position und des Unternehmens	
10.	Klärung der weiteren Vorgehensweise und Verabschiedung	

Die folgende Checkliste hilft Ihnen bei der Beurteilung des Bewerbers während des Gesprächs.

Checkliste: Beurteilung des Bewerbers	
1.	Machen Sie sich während des Gesprächs Notizen.
2.	Skizzieren Sie die wichtigsten Punkte des Anforderungsprofils, bevor das Gespräch beginnt.
3.	Notieren Sie besonders wichtige Fragen.
4.	Benutzen Sie während des Gesprächs kurze Stichwörter oder Symbole (z. B. + oder -).
5.	Arbeiten Sie mit Anforderungsprofil und Checklisten.
6.	Haken Sie während des Gesprächs die Wunsch- und Muss-Ziele und ggf. die K.o.-Kriterien ab (Checkliste!).
7.	Erstellen Sie nach dem Bewerbergespräch ein Ranking.
8.	Benoten Sie die Bewerber nach den jeweiligen Stärken und Schwächen sowie Wunsch- und Muss-Zielen.

3 Den ersten Arbeitstag eines Mitarbeiters gestalten

Der erste Arbeitstag ist ein besonderer Tag für den neuen Mitarbeiter. Für die Einführung des Mitarbeiters an seinem neuen Arbeitsplatz sollten Sie ausreichend Zeit einplanen. Das ergänzende Kapitel 4 (ab Seite 131) konzentriert sich auf den Prozess der Einarbeitung des neuen Mitarbeiters.

Übersicht

Hier haben wir übersichtlich zusammengefasst, welche Schritte Sie im Einzelnen beachten müssen, wenn Sie einen neuen Mitarbeiter einarbeiten oder einem Mitarbeiter die Aufgabe geben, seinen neuen Kollegen einzuarbeiten. Anschließend finden Sie eine ausführliche Schritt-für-Schritt-Anleitung und eine hilfreiche Checkliste.

Übersicht: Der erste Arbeitstag eines neuen Mitarbeiters	
Schritt 1: Den Arbeitsplatz des neuen Mitarbeiters einrichten	
Richten Sie den Arbeitsplatz des neuen Mitarbeiters vor seinem ersten Arbeitstag komplett ein.	
Achten Sie darauf, dass sämtliche Arbeitsmaterialien vorhanden sind und funktionieren.	
Legen Sie Unterlagen über das Unternehmen bereit (z. B. zu Unternehmenshistorie und –struktur).	
Heißen Sie den neuen Mitarbeiter willkommen, z. B. durch Blumen oder einer Schale Obst auf seinem Schreibtisch.	
Schritt 2: Den Mitarbeiter in der Abteilung vorstellen	
Stellen Sie den Mitarbeiter in der Abteilung vor.	
Planen Sie z. B. ein gemeinsames Kaffeetrinken oder einen gemeinsamen Rundgang durch das Unternehmen.	
Machen Sie den neuen Mitarbeiter mit einer Kontaktperson bekannt, einem Ansprechpartner für die Einstiegsphase.	

Schritt 3: Dem Mitarbeiter das Unternehmen vorstellen	
Machen Sie den Mitarbeiter in einem Einführungsgespräch mit dem Unternehmen und der Unternehmensstruktur vertraut.	
Schritt 4: Den Mitarbeiter mit seinem Aufgabenbereich vertraut machen	
Stellen Sie dem Mitarbeiter seinen Aufgabenbereich und die Projekte, an denen er beteiligt sein wird, vor.	
Schritt 5: Das erste Mitarbeitergespräch führen (nach ca. 3 Monaten)	
Fragen Sie den neuen Mitarbeiter, wie er sich im Unternehmen eingelebt hat.	
Teilen Sie dem neuen Mitarbeiter Ihre Erwartungen an ihn und seinen Aufgabenbereich mit.	
Bitten Sie ihn, auch seine Vorstellungen zu seinem Aufgabenbereich zu formulieren.	

Anleitung

Schritt 1: Den Arbeitsplatz des neuen Mitarbeiters einrichten

Ziel ist es dem neuen Mitarbeiter das Gefühl zu vermitteln, dass er willkommen ist. So sollten das Büro komplett eingerichtet, sämtliche Arbeitsmaterialien funktionstüchtig sein und eventuell Blumen oder eine Schale Obst/Süßigkeiten als Willkommensgruß bereit stehen. Des Weiteren sollten einführende Unterlagen über das Unternehmen (Historie, Philosophie, Geschäftsfelder, Unternehmensstruktur etc.) übergeben werden, damit der neue Mitarbeiter sich mit seinem Arbeitsplatz und den Rahmenbedingungen auseinandersetzen kann.

Für den neuen Mitarbeiter sind diese Informationen wichtig. Er lernt das Unternehmen, das er in Zukunft repräsentieren soll besser kennen und erleichtert ihm den Einstieg in Ihr Unternehmen.

Schritt 2: Den Mitarbeiter in der Abteilung vorstellen

Der nächste Schritt ist es den Mitarbeiter in der Abteilung vorzustellen. Um eine gemütliche Atmosphäre zu schaffen, kann dies bei einem gemeinsame Frühstück oder Kaffeetrinken mit der Abteilung gemacht werden; ansonsten ist ein Rundgang durch die Abteilung eine Alternative.

Dies ist nicht nur ein angenehmer Start für Ihren neuen Mitarbeiter, sondern auch die Mitarbeiter der Abteilung werden es als angenehm empfinden Ihren neuen Kollegen kennenzulernen, einen ersten Eindruck zu gewinnen und über die Aufgaben der jeweiligen Person informiert zu werden. Des Weiteren ist es angebracht dem Mitarbeiter eine Kontaktperson für die Einstiegsphase zu geben. Es geht um die Vermittlung einfacher Dinge, Kennenlernen der Räumlichkeiten, eine Parkkarte/Kopierkarte zu beantragen/bekommen oder auch die Treffpunkte der Abteilung zum Mittagessen bzw. Kaffeeautomaten.

Schritt 3: Dem Mitarbeiter das Unternehmen vorstellen

Der nächste Schritt ist es, den Mitarbeiter in einem Einführungsgespräch mit dem Unternehmen und der Unternehmensstruktur vertraut zu machen. Dies sind für den Mitarbeiter wichtige Informationen, um sich im Unternehmen zurechtzufinden und sich in die Struktur einzufügen.

Schritt 4: Den Mitarbeiter mit seinem Aufgabenbereich vertraut machen

Die klare Aufgaben und Zielvorstellung durch den Vorgesetzten ist sowohl für Sie als Führungskraft als auch für Ihren Mitarbeiter essentiell. Der Mitarbeiter weiß was von ihm erwartet wird und kann sich dementsprechend mit der Lösung der Aufgabenstellung befassen. Falls Ihnen die Einhaltung besonderer Schritte wichtig erscheint, sollten Sie dies Ihrem Mitarbeiter vermitteln, damit Missverständnisse in diesem Punkt vorgebeugt werden.

Schritt 5: Das erste Mitarbeitergespräch führen

Sie sollten Ihrem Mitarbeiter erst einmal ein paar Tage Zeit geben sich einzugewöhnen, sich in die ersten Aufgaben einzuarbeiten und sich mit den Unterlagen über das Unternehmen auseinanderzusetzen. Im ersten Mitarbeitergespräch können dann etwaige Rückfragen bezüglich des Unternehmens, der Arbeitsaufgaben und ersten Ziele geklärt werden.

Im ersten Mitarbeitergespräch ist es zudem wichtig, dass Sie Ihrem Mitarbeiter Ihre Wünsche und Ideen bezüglich seiner Position und Aufgaben mitteilen. Dies hilft Ihrem neuen Mitarbeiter bei der Orientierung was Sie und das Unternehmen von ihm erwarten. Bitten Sie ihn auch, seine Vorstellungen bezüglich seiner neuen Arbeitsstelle zu formulieren und gemeinsame Ziele zu definieren (vgl. Teil 3, Kapitel 6 Zielvereinbarungsgespräch).

4 Einen neuen Mitarbeiter einarbeiten

Nicht weniger wichtig als Ihr Engagement und Ihre Planung bei der Personalauswahl ist die Einführung neuer Mitarbeiter in ihre Aufgaben und ins Unternehmen. Eine umfassende Einarbeitung wird durch schnelle und selbstständige Aufgabenerfüllung des neuen Mitarbeiters belohnt.

In der Einführungszeit werden die Weichen für die zukünftige Zusammenarbeit gestellt. Dieser ersten Zeit kommt damit sowohl für das Unternehmen als auch für den Mitarbeiter besondere Bedeutung zu. Denn mit einer geplanten und auf die jeweilige Position abgestimmten Einarbeitung lernen neue Mitarbeiter das Unternehmen schneller umfassend kennen. So können sie ihre Aufgabengebiete in kürzerer Zeit selbstständig bearbeiten und sind stärker in das betriebliche Umfeld eingebunden.

Übersicht

Hier haben wir übersichtlich zusammengefasst, welche Schritte Sie im Einzelnen beachten müssen, wenn Sie einen neuen Mitarbeiter einarbeiten oder einem Mitarbeiter die Aufgabe geben, seinen neuen Kollegen einzuarbeiten. Anschließend finden Sie eine ausführliche Schritt-für-Schritt-Anleitung und eine hilfreiche Checkliste.

CD-ROM

Übersicht: Einen neuen Mitarbeiter einarbeiten	
Schritt 1: Einen Einarbeitungsplan erstellen	
Versetzen Sie sich in die Lage des neuen Mitarbeiters: Welche Informationen braucht er für seine neue Tätigkeit?	
Fertigen Sie eine Checkliste an, in der die wichtigsten Fragen im Zusammenhang mit der Einarbeitung aufgeführt sind.	
Schritt 2: In konkrete Arbeitsprozesse einführen	
Betrauen Sie einen didaktisch geschickten und kommunikativ starken Kollegen mit der Einarbeitung des neuen Mitarbeiters.	
Machen Sie den neuen Mitarbeiter mit dem Kollegen, der die Einarbeitung übernimmt vertraut.	
Bieten Sie ggf. auch dem Kollegen, der die Einarbeitung übernimmt, Ihre Unterstützung an.	

Schritt 3: Überblick über geplante Projekte geben	
Geben Sie dem neuen Mitarbeiter einen ausführlichen Überblick über die Projekte, an denen er in Zukunft selbst mitarbeiten wird.	
Informieren Sie den neuen Mitarbeiter auch über Projekte, an denen er nicht direkt beteiligt ist. (Beachten Sie: Projektpräsentationen sind Führungsaufgaben, die Sie nicht delegieren sollten!)	
Schritt 4: Qualifizierte Aufgaben übertragen	
Übertragen Sie dem neuen Mitarbeiter bereits zu Beginn qualifizierte und verantwortungsvolle Aufgaben.	
Geben Sie dem neuen Mitarbeiter zu Beginn eine intensive Unterstützung für die Bewältigung seiner Aufgaben.	
Vermeiden Sie Aufgaben, die den neuen Mitarbeiter unterfordern und dadurch demotivieren könnten.	
Vermeiden Sie eine Überforderung des neuen Mitarbeiters, indem Sie ihn von Anfang an intensiv unterstützen.	
Schritt 5: Mitarbeitergespräch führen	
Führen Sie nach etwa 3 Monaten ein Gespräch mit dem neuen Mitarbeiter.	
Fragen Sie den neuen Mitarbeiter, wie er sich im Unternehmen eingelebt hat.	
Fragen Sie den neuen Mitarbeiter, welche Qualifikationen er bereits erworben hat.	
Stellen Sie fest, ob es (weiteren) Qualifikationsbedarf gibt.	
Fragen Sie den Mitarbeiter auch nach möglichen Konflikten am Arbeitsplatz.	

Anleitung

Wie arbeiten Sie einen neuen Mitarbeiter sinnvoll ein? Zunächst kommt es darauf an, dass Sie die Perspektive des neuen Mitarbeiters einnehmen und sich fragen, welche Informationen er für seine Tätigkeit braucht. Davon ausgehend können Sie die Phase der Einarbeitung strukturieren.

Schritt 1: Einen Einarbeitungsplan erstellen

Entwickeln Sie eine Checkliste, in der die wichtigsten Fragen im Zusammenhang mit der Einarbeitung aufgeführt sind:

* Welche Mitarbeiter im Unternehmen sind für welche Bereiche zuständig?
* Welche Ansprechpartner gibt es?
* Wo findet der neue Mitarbeiter was?
* Mit welchen Projekten hat der neue Mitarbeiter zu tun?

Schritt 2: In Arbeitsprozesse einführen

Mit der Einführung des neuen Mitarbeiters sollten Sie einen Kollegen betrauen, der über didaktisches Geschick verfügt und schon länger im Unternehmen arbeitet. Ein fachlich besonders qualifizierter Mitarbeiter muss nicht die erste Wahl sein, wenn es um die Einarbeitung eines neuen Mitarbeiters geht.

Schritt 3: Überblick über geplante Projekte geben

Selbstverständlich müssen Sie dem neuen Mitarbeiter eine ausführliche Einführung in die Projekte geben, an denen er selbst mitarbeitet. Darüber hinaus sollten Sie ihm aber auch einen Überblick über weitere geplante Projekte geben, mit denen der Mitarbeiter vielleicht nur indirekt in Berührung kommt. Im Unterschied zur Einführung in die konkreten Arbeitsprozesse handelt es sich bei der Projektpräsentation um eine Führungsaufgabe, die Sie selbst übernehmen sollten.

Schritt 4: Qualifizierte Aufgaben übertragen

Schon zu Beginn seiner neuen Tätigkeit sollte der Mitarbeiter qualifizierte, verantwortungsvolle Aufgaben bearbeiten. Wichtig ist dabei, dass er bei der Bewältigung der neuen Tätigkeiten intensiv unterstützt wird. In der Einarbeitungsphase sollten Sie es vermeiden, den Mitarbeiter zu unterfordern und so zu demotivieren. Durch intensive Unterstützungsmaßnahmen vermeiden Sie eine Überforderung des Mitarbeiters.

Schritt 5: Mitarbeitergespräch führen

Nach etwa 3 Monaten sollte ein erstes Gespräch mit dem neuen Mitarbeiter geführt werden. In diesem Feedbackgespräch geht es darum, wie sich der neue Mitarbeiter im Unternehmen eingelebt hat, ob es Konflikte gibt und welche Qualifikationen der Mitarbeiter bereits erworben hat. Festgestellt werden soll auch, ob es weiteren Qualifizierungsbedarf gibt. In Teil 3, Kapitel 13 erhalten Sie weitere Informationen und Tipps für die Durchführung von Feedbackgesprächen.

Arbeitsmittel

In diesem Abschnitt und auf der CD-ROM finden Sie eine Checkliste, die Sie im Rahmen der Einarbeitung des neuen Mitarbeiters einsetzen können.

Checkliste: Einen neuen Mitarbeiter einarbeiten		
1.	Erstellen Sie einen Einarbeitungsplan für den neuen Mitarbeiter.	
2.	Betreuen Sie einen didaktisch geschickten Kollegen mit der praktischen Einarbeitung des neuen Mitarbeiters.	
3.	Geben Sie dem neuen Mitarbeiter einen ausführlichen Überblick über diejenigen Projekte, an denen er selbst beteiligt ist.	
4.	Informieren Sie den neuen Mitarbeiter über weitere laufende oder geplante Projekte.	
5.	Übertragen Sie dem neuen Mitarbeiter qualifizierte und verantwortungsvolle Aufgaben.	
6.	Unterstützen Sie den neuen Mitarbeiter insbesondere in der Anfangsphase intensiv.	
7.	Vermeiden Sie es, den neuen Mitarbeiter zu überfordern, indem Sie ihn aktiv unterstützen.	
8.	Führen Sie nach etwa 3 Monaten ein Gespräch mit dem neuen Mitarbeiter.	
9.	Fragen Sie den Mitarbeiter, ob er sich im Unternehmen gut eingelebt hat.	
10.	Stellen Sie fest, ob es Qualifizierungsbedarf gibt.	

Mitarbeiter steuern, beurteilen und fördern

Lesen Sie hier, wie Sie
- Mitarbeitergespräche vorbereiten und durchführen,
- ein Zielvereinbarungsgespräch führen,
- Beurteilungsgespräche vorbereiten und durchführen,
- ein Personalentwicklungsgespräch führen,
- Verhandlungen mit dem Mitarbeiter führen.

5 Mitarbeitergespräche vorbereiten und durchführen

Übersicht

Hier haben wir übersichtlich zusammengefasst, welche Schritte Sie im Einzelnen beachten müssen, wenn Sie ein Mitarbeitergespräch vorbereiten und durchführen. Anschließend finden Sie eine ausführliche Schritt-für-Schritt-Anleitung und hilfreiche Arbeitsmittel.

Übersicht: Mitarbeitergespräche führen	
Schritt 1: Das Mitarbeitergespräch vorbereiten	
Abstimmen des Gesprächstermins	
Auswahl und Reservierung eines ruhigen Raumes	
Die einzelnen Gesprächsphasen vorbereiten (Checkliste)	
Schritt 2: Den Gesprächsablauf planen	
1. Lassen Sie zu Beginn Ihren Mitarbeiter sprechen: Rückmeldung zu Entwicklung, Zufriedenheit, Aufgaben, Perspektiven des Mitarbeiters, Führung und Zusammenarbeit.	
2. Legen Sie nun Ihre Sicht der Situation dar.	
3. Erarbeiten Sie zusammen mit dem Mitarbeiter Veränderungsmaßnahmen und neue Entwicklungsziele.	
4. Zusätzlich sollten Sie – wenn nötig – unterstützende Maßnahmen erarbeiten und vereinbaren.	
5. Fassen Sie die Ergebnisse des Gesprächs zusammen und halten Sie diese schriftlich fest.	
6. Vereinbaren Sie Termine und Kontrollmaßnahmen für Zwischenbilanzen.	
7. Beenden Sie das Gespräch freundlich.	

Schritt 3: Das Gespräch nachbereiten	
Sind die Gesprächsziele erreicht worden?	
Was ist gut, was schlecht gelaufen?	
Wurden Maßnahmen vereinbart?	

Anleitung

Schritt 1: Das Mitarbeitergespräch vorbereiten

Gehen Sie nie unvorbereitet in ein Mitarbeitergespräch. Wenn Sie erfolgreich sein wollen, nehmen Sie sich die Zeit, sich zu Ihren Gesprächszielen, zur Gesprächsstruktur und dem Mitarbeiter, mit dem Sie sprechen werden, Gedanken zu machen. Diese Chance zur Vorbereitung sollten Sie auch Ihren Mitarbeitern geben, indem Sie sie rechtzeitig über das Gespräch, den Termin, den Umfang und die Zielsetzung informieren. Bitten Sie sie darum, sich sorgfältig vorzubereiten und die Themen, über die sie mit Ihnen sprechen wollen, festzuhalten. Eine Checkliste zur Vorbereitung Ihrer Mitarbeitergespräche finden Sie im Abschnitt „Arbeitsmittel" und auf der CD-ROM.

Sorgen Sie für eine störungsfreie Gesprächsatmosphäre

Sie brauchen einen ruhigen, abgeschotteten Raum, der für die Dauer der Mitarbeitergespräche Störungsfreiheit gewährleistet. Nichts ist schlimmer, als alle zehn Minuten durch ein Telefonat oder Fragen eines anderen Mitarbeiters aus dem Gesprächsfluss herausgezogen zu werden. Störungen signalisieren dem Mitarbeiter auch, dass er wohl nicht wichtig genug ist, als dass Sie sich mal eine Stunde wirklich nur auf ihn konzentrieren. Warum soll der Mitarbeiter für Sie etwas leisten, wenn Sie ihm keine Wertschätzung entgegenbringen?

Planen Sie ausreichend Zeit ein

Gönnen Sie sich die notwendige Zeit für das Mitarbeitergespräch. Planen Sie sie langfristig vorher ein. Was Sie hier tätigen, ist ein betriebliches Investment in die Erfolgspotenziale Ihres eigenen Teams, Ihrer Gruppe oder Abteilung. Sie verschwenden keine Zeit, sondern wollen einen Nutzen damit erzielen – die Zeit ist gut investiert! Sie leisten Führungsarbeit.

Gesprächsziele bestimmen

Wichtig ist, dass Sie Ihre Ziele für das Gespräch bestimmen. Bevor Sie in ein Gespräch gehen, sollten Sie sich immer die folgenden Fragen beantworten können:

- Was genau will ich in diesem Gespräch erreichen?
- Was genau will ich in Erfahrung bringen, lernen und herausfinden?
- Was genau will ich bewirken?

Klare Ziele ermöglichen frühzeitiges Eingreifen, falls sich die Gesprächssituation im Sinne Ihrer Ziele ungünstig entwickelt. Deswegen sollten Sie sich immer wieder mal fragen, was Sie eigentlich erreichen wollten und ob Sie sich mit dem, was Sie tun, Ihren Zielen nähern oder sich vielleicht eher davon wegbewegen.

> **Tipp**
>
> Um zu vermeiden, dass das Gespräch an Struktur und Zielorientierung verliert, sollten Sie Ihre Gesprächsziele während des gesamten Gesprächs im Auge zu behalten.

Schritt 2: Den Gesprächsablauf planen

Um ein Gespräch zielorientiert zu führen, ist es hilfreich, sich mit den einzelnen Gesprächsphasen vertraut zu machen. Mit dem Wissen über die einzelnen Phasen eines Gesprächs können Sie sich auch besser darauf vorbereiten, da Sie wissen, was Sie erwartet.

1. Stellen Sie zunächst eine angenehme Gesprächsatmosphäre her.
2. Treffen Sie mit Ihrem Mitarbeiter Vereinbarungen über die Gesprächsziele, die Vorgehensweise und den Zeitrahmen.
3. Lassen Sie Ihren Mitarbeiter sprechen: Rückmeldung zu Entwicklung, Zufriedenheit, Aufgaben, Perspektiven des Mitarbeiters, Führung und Zusammenarbeit.
4. Legen Sie nun Ihre Sicht der Situation dar.
5. Erarbeiten Sie zusammen mit dem Mitarbeiter Veränderungsmaßnahmen und neue Entwicklungsziele.
6. Zusätzlich sollten Sie – wenn nötig – unterstützende Maßnahmen erarbeiten und vereinbaren.
7. Fassen sie die Ergebnisse des Gesprächs zusammen und halten Sie diese schriftlich fest.
8. Vereinbaren Sie Termine und Kontrollmaßnahmen für Zwischenbilanzen.

Lassen Sie Ihren Mitarbeiter sprechen

Die wichtigste Regel in Mitarbeitergesprächen: Hören Sie erst einmal zu! Halten Sie sich mit Statements, Gedanken und Aussagen so weit wie möglich zurück. Lassen Sie den Mitarbeiter reden, um zu erkennen, wo er steht, was ihn bewegt und welche Themen ihn bedrücken.

Führen Sie das Gespräch zukunftsorientiert

Die Vergangenheit ist gelaufen. Aber sie ist nützlich, um aus ihr für die Zukunft zu lernen. Bringen Sie den Mitarbeiter nicht in Rechtfertigungssituationen, sondern erarbeiten Sie mit ihm Ansätze und Lösungsmöglichkeiten für das zukünftige Handeln: „Wie können wir Gleiches oder Ähnliches zukünftig verhindern? Was können und müssen wir anders bzw. besser machen?" Gleiches gilt für Ihr Führungsverhalten, wenn Wünsche der Mitarbeiter an Sie geäußert werden. Seien Sie dankbar für jedes Feedback – es ist Ihre einzige Chance, sich und Ihr Führungsverhalten weiterzuentwickeln und zu optimieren.

Dokumentieren Sie die Gesprächsergebnisse

Dokumentieren Sie die Gesprächsergebnisse und halten Sie Vereinbarungen schriftlich fest. Nur so können Sie kontinuierlich Entwicklungsfortschritte erkennen und überprüfen, ob die Absprachen wie vereinbart von beiden Seiten umgesetzt werden. So schaffen Sie für sich und Ihre Mitarbeiter die verbindliche und überprüfbare Grundlage für alle Folgemaßnahmen. Darüber hinaus ist die Dokumentation – Mitarbeiter und Führungskraft unterschreiben diese und jeder erhält ein Exemplar – die Ausgangsbasis für das nächste Gespräch. Sie sparen Zeit bei der nächsten Gesprächsvorbereitung und – noch wichtiger – auf den erreichten Fortschritten müssen Sie jetzt aufbauen. Wurden Vereinbarungen nicht erfüllt, gilt es gemeinsam zu prüfen, was die Hindernisse waren und wie sie beseitigt werden können. Eventuell stellen Sie aber auch fest, dass die falschen Dinge vereinbart wurden und die wirklichen Problemursachen nicht erkannt wurden. Jetzt haben Sie eine neue Chance, die Weichen richtig zu stellen.

Schritt 3: Das Gespräch nachbereiten

Ganz gleich, welches Gespräch Sie führen, Sie sollten nicht darauf verzichten, diese Situationen für sich selbst als immer wiederkehrende Lernchance zu nutzen. Folgende Fragen werden Ihnen dabei helfen:

• Wie ist das Gespräch verlaufen, habe ich meine Ziele erreicht?

- Wie schätze ich selbst mein Gesprächsverhalten ein? Was war gut, was sollte ich ändern?
- Habe ich es versäumt, bestimmte Punkte anzusprechen?
- Gab es überraschende Momente im Gespräch? Warum haben sie mich überrascht?
- Habe ich nur Maßnahmen vereinbart, für die ich meine Unterstützung und Kontrolle zusichern kann?
- Was will ich für die nächsten Gespräche hinsichtlich Vorbereitung, Durchführung und Nachbereitung ändern?"

Arbeitsmittel

In diesem Abschnitt und auf der CD-ROM finden Sie 2 Checklisten und einen Gesprächsleitfaden für die Vorbereitung und Durchführung von Mitarbeitergesprächen:

- Leitfaden: So führen Sie ein Mitarbeitergespräch durch
- Checkliste: Was Sie bei der Gesprächsvorbereitung beachten sollten
- Checkliste: So führen Sie eine Erfolgskontrolle des Gesprächs durch

Leitfaden: So führen Sie ein Mitarbeitergespräch durch	
1.	Stellen Sie zunächst eine angenehme Gesprächsatmosphäre her.
2.	Treffen Sie mit Ihrem Mitarbeiter Vereinbarungen über die Gesprächsziele, die Vorgehensweise und den Zeitrahmen.
3.	Lassen Sie Ihren Mitarbeiter sprechen: Rückmeldung zu Entwicklung, Zufriedenheit, Aufgaben, Perspektiven des Mitarbeiters, Führung und Zusammenarbeit.
4.	Legen Sie nun Ihre Sicht der Situation dar.
5.	Erarbeiten Sie zusammen mit dem Mitarbeiter Veränderungsmaßnahmen und neue Entwicklungsziele.
6.	Zusätzlich sollten Sie – wenn nötig – unterstützende Maßnahmen erarbeiten und vereinbaren.
7.	Fassen sie die Ergebnisse des Gesprächs zusammen und halten Sie diese schriftlich fest.
8.	Vereinbaren Sie Termine und Kontrollmaßnahmen für Zwischenbilanzen.

Checkliste: Was Sie bei der Gesprächsvorbereitung beachten sollten	
Organisieren Sie einen ruhigen Raum.	
Stimmen Sie den Termin mit Ihrem Gesprächspartner ab.	
Bestimmen Sie Ihre Ziele für das Gespräch.	
Vergegenwärtigen Sie sich noch einmal die einzelnen Gesprächsphasen.	
Legen Sie Gesprächsregeln fest.	
Hören Sie aktiv zu und fragen Sie, wenn Sie etwas nicht verstehen.	
Führen Sie einen Dialog mit gleich verteilter Beteiligung.	
Beziehen Sie Ihr Feedback nur auf Leistungen, arbeitsbezogenes Verhalten und auf das Arbeitsumfeld.	
Vermeiden Sie, die Persönlichkeit des anderen anzugreifen.	
Argumentieren Sie so, dass Ihr Gesprächspartner sich selbst überzeugen kann.	
Drücken Sie Wertschätzung und Anerkennung für den anderen aus.	
Nehmen Sie Denkanstöße, Wünsche und Vorschläge des anderen ernst.	
Sprechen Sie kritische Punkte klar und deutlich an und suchen Sie gemeinsam nach Lösungen.	
Sprechen Sie keine Vorwürfe und Schuldzuweisungen aus.	
Formulieren Sie, was Sie sich für die Zukunft wünschen.	
Gestehen Sie eigene Fehler und Versäumnisse ein.	
Fassen Sie gemeinsam besprochene Ergebnisse zusammen und dokumentieren Sie diese.	
Reflektieren Sie das gesamte Gespräch und bereiten Sie es nach.	

Checkliste: So führen Sie eine Erfolgskontrolle des Gesprächs durch	
War ich richtig vorbereitet?	
Wenn nicht, was hätte ich besser vorbereiten können?	
Konnte ich mein Ziel erreichen? Wenn nein, warum nicht?	
Gab es Widerstände? Wenn ja, welche?	
Gab es Überraschungen für mich im Gespräch, unsichere Situationen?	
War das Gespräch wirklich partnerschaftlich?	
War mein Auftreten und Verhalten richtig?	
Wenn nicht, was möchte ich daran ändern?	

6 Ein Zielvereinbarungsgespräch führen

Mit Zielvereinbarung ist das gemeinsame Festlegen von Zielen für Ihre Mitarbeiter im Rahmen eines Zielvereinbarungsgesprächs gemeint.

Die Zielvereinbarung setzt einen offenen Dialog voraus, in dem die Gesprächspartner ihre Interessen, Bedürfnisse und Ziele besprechen. Haben Sie als Führungskraft sich mit Ihrem Mitarbeiter auf Ziele, die in der nächsten Periode vom Mitarbeiter erreicht werden sollen, deren Umfang, dazugehörige Termine und erforderliche Ressourcen geeinigt, sollten Sie alle diese Daten schriftlich festhalten.

Übersicht

Hier haben wir übersichtlich zusammengefasst, welche Schritte Sie im Einzelnen beachten müssen, wenn Sie ein Zielvereinbarungsgespräch mit Ihrem Mitarbeiter führen wollen. Anschließend finden Sie eine ausführliche Schritt-für-Schritt-Anleitung und hilfreiche Arbeitsmittel.

Übersicht: Ein Zielvereinbarungsgespräch führen	
Schritt 1: Vorbereitung: Ziele und Anforderungskriterien klären	
Klären Sie, welche Ziele vereinbart werden sollen.	
Schritt 2: Den Ablauf des Zielvereinbarungsgesprächs planen	
Planen Sie den Ablauf des Zielvereinbarungsgesprächs anhand des Gesprächsleitfadens (siehe CD-ROM).	
Schritt 3: Konkrete Ziele formulieren	
Beschreiben Sie den Soll-Zustand, der am Ende erreicht werden soll.	
Formulieren Sie die Ziele so konkret wie möglich.	
Nutzen Sie das SMART-Modell für die Zielformulierung.	
Brechen Sie langfristige bzw. komplexe Ziele in Teilziele herunter.	
Achten Sie auf die Messbarkeit der Zielerreichung.	
Setzen Sie einen klaren zeitlichen Rahmen für die Zielerreichung.	

Schritt 4: Die vereinbarten Ziele überprüfen	
Nutzen Sie eine Checkliste für die Überprüfung der Ziele (siehe CD-ROM).	
Überprüfen Sie die Teilziele gesondert.	
Schritt 5: Was ist nach dem Zielvereinbarungsgespräch zu tun?	
Überlassen Sie das Wie der Zielerreichung dem Mitarbeiter.	
Bieten Sie Ihrem Mitarbeiter ggf. Unterstützung bei der Zielerreichung an.	
Vereinbaren Sie einen weiteren Termin für ein Feedbackgespräch mit dem Mitarbeiter.	

Anleitung

Schritt 1: Ziele und Anforderungskriterien klären

Bevor Sie in das Zielvereinbarungsgespräch mit Ihrem Mitarbeiter gehen, sollten Sie die Ziele, die Sie mit ihm vereinbaren wollen, für sich klären. Dabei ist Ihnen anzuraten, sich auch mit einigen Anforderungskriterien, die wirksame Zielvereinbarungen erfüllen müssen, auseinander zu setzen. Im Abschnitt „Arbeitsmittel" finden Sie eine Checkliste zu den Fragen und Kriterien, die Sie bei einer Zielvereinbarung beachten sollten.

Schritt 2: Den Ablauf des Zielvereinbarungsgesprächs planen

Essentiell bei Zielvereinbarungsgesprächen ist, dass ein Austausch der Ziele stattfindet, die über die Kernaufgaben der jeweiligen Stelle hinausgehen. Daher sollten nach der Eröffnung des Gesprächs die Zielvorstellungen des Mitarbeiters erfragt und im Anschluss die eigenen Zielvorschläge erläutert werden. Das erste Ziel ist es, eine Zielkongruenz herzustellen, die einer gemeinsamen Basis gleichkommt. Der zweite wichtige Punkt ist, sich auf Ergebnisse zu verständigen an denen die Zielerreichung festgehalten und erkannt werden kann. Was zudem noch festgehalten werden sollte, ist die Zielumsetzung und ob der Mitarbeiter diesbezüglich Unterstützung in Anspruch nehmen möchte.

Ein Ergebnisgespräch zu schon getroffenen Zielvereinbarungen fängt idealerweise mit der Bewertung des Zielerreichungsgrades des Mitarbeiters an, bevor Sie eine Bewertung aus Ihrer Sicht abgeben. Anschließend gilt es beide Einschätzungen abzugleichen und Gründe für etwaige Abweichungen festzuhalten, die im Anschluss analysiert werden sollten. Abschließend werden neue Vereinbarungen für die nächste Zielperiode vereinbart.

Im Abschnitt „Arbeitsmittel" und auf der CD-ROM finden Sie einen Gesprächsleitfaden für ein Zielvereinbarungsgespräch sowie eine Übersicht zum Gesprächsablauf.

Schritt 3: Konkrete Ziele formulieren

Formulieren Sie Ihre Ziele so konkret wie möglich – Sie sollten eine genaue Beschreibung des Soll-Zustands, des Ergebnisses, das am Ende erreicht sein soll, formulieren. Erst der beschriebene Endzustand entfaltet die gewünschte Zugwirkung – den wirklichen Anreiz.

Eine einfache Hilfe bei der Zielformulierung bildet das SMART-Modell.

Das SMART-Modell

S	wie	spezifisch	Um was genau geht es?
M	wie	messbar	Was genau soll erreicht werden?
A	wie	attraktiv	Ist das Ziel auch für den Mitarbeiter attraktiv (Motivation)?
R	wie	realistisch	Zeitraum, Umfang, Ressourcen und Bedingungen sind so geplant, dass das Ziel erreicht wird.
T	wie	terminiert	Der Zeitpunkt, wann das Ziel erreicht ist, ist genau definiert

Das SMART-Modell besagt: Beschreiben Sie konkret/spezifisch, was erreicht werden soll, und zwar so, dass genau messbar ist, wann das Ziel erreicht ist, und setzen Sie einen klaren Zeitrahmen. SMART beschreibt darüber hinaus, dass Ziele nur dann erreicht werden, wenn sie für die Person attraktiv und durch die Person selbst erreichbar sind. Das setzt voraus, dass die Person über alle Ressourcen verfügt, die für die Zielerreichung notwendig sind, was gleichbedeutend heißt, dass die Aufgabe für die Person realistisch ist.

Messbarkeit der Zielerreichung

Wenn Sie Ziele für sich selbst oder mit anderen vereinbaren, müssen Sie auch wissen, wann Sie diese Ziele erreicht haben und Sie einen Erfolg für sich verbuchen können: Woran merken Sie, dass Sie das Ziel erreicht haben? Was gibt es in der Situation selbst, woran Sie erkennen können, ob Sie das Ziel erreicht haben?

Zeitrahmen und Kontext der Zielerreichung

Ein Ziel, dass Sie ohne zeitliche Rahmen vereinbaren, egal ob mit sich selbst oder Ihren Mitarbeitern, wird möglicherweise nie erreicht werden, weil „ja immer auch noch später Zeit dafür ist". Das Ziel wird also ständig aufs Neue dem „Dringenden" des Alltags zum Opfer fallen. Um einen geeigneten Zeitrahmen für die Zielerreichung festlegen zu können, sollten Sie sich folgende Fragen stellen:

- Bis wann soll das Ziel erreicht sein?
- Ab wann ergreifen Sie/der Mitarbeiter welche Maßnahmen?
- Was wollen Sie/der Mitarbeiter in einer Woche, einem Monat, einem Jahr erreicht haben?
- Welche konkreten Aktivitäten und Maßnahmen sind notwendig, um die gesteckten Ziele zu erreichen?
- Welche Ressourcen benötigen Sie/der Mitarbeiter zur Zielerreichung? (Zeit, Geld, Ort, Fähigkeiten, Material, andere Personen)

Schritt 4: Die vereinbarten Ziele überprüfen

Dieser Schritt ist sehr wichtig, um noch einmal alle Punkte, die schriftlich festgehalten wurden, gemeinsam mit dem Mitarbeiter abzustimmen. Sind alle Ziele aufgenommen worden, sind mögliche Zielkonflikte geklärt und mögliche Risiken bei der Zielerreichung bekannt?

Die Überprüfung und Gestaltung der Aufgaben wird leichter, wenn Sie lang- und mittelfristige Ziele in Teilziele herunterbrechen, damit Sie konkret planen können. Erst mit Tages-, Wochen und Monatszielen haben Sie einen genauen Überblick über Ihre Ziele.

Zudem sollten Sie im Vorfeld klären, welche Voraussetzungen für die erfolgreiche Umsetzung benötigt werden (Zeit, spezielle Personen, Ort/Raum, Geld, Qualität, Quantität). Schaffen Sie erst die richtigen Voraussetzungen, denn das ist das erste zu erreichende Teilziel auf dem Weg zum Erfolg.

Auf der CD-ROM finden Sie eine Checkliste, die Sie bei der Überprüfung der Ziele unterstützt.

Schritt 5: Was ist nach dem Zielvereinbarungsgespräch zu tun?

Nach dem Zielvereinbarungsgespräch gilt der Satz: „Das Ziel ist fix – der Weg ist frei." Das Wie der Zielerreichung muss im Entscheidungsbereich Ihres Mitarbeiters liegen. Trotzdem sollten Sie den Mitarbeiter bei der Planung nun notwendiger Aktivitäten nicht allein lassen. Fragen Sie ihn, wie er an die Zielerreichung herangehen will. Bei komplexen Zielen kann es für den Mitarbeiter hilfreich sein, Teilziele abzuleiten, zu denen jeweils ein Feedbackgespräch mit Ihnen erfolgt, sowie einen Aktivitätenplan durchzusprechen. Das erleichtert Ihrem Mitarbeiter den Start und vermeidet Fehlentwicklungen.

Darüber hinaus sollten Sie auch bei weniger komplexen Zielen bereits im Zielvereinbarungsgespräch Termine für erste Feedbackgespräche mit dem Mitarbeiter vereinbaren.

Exkurs: Eigene berufliche Ziele gewinnen

Zum Finden oder Ableiten Ihrer eigenen beruflichen Ziele, die Sie in Ihrer aktuellen Position als Führungskraft erreichen wollen und müssen, nutzen und prüfen Sie die Elemente verschriftlichter Führung (Unternehmensvision, Mission, Leitbild), die Sie in den folgenden zwei Checklisten finden.

Schritt 1   Vergegenwärtigen Sie sich anhand der folgenden Checkliste im ersten Schritt, welche Aussagen die Elemente der verschriftlichten Führung umfassen.

Schritt 2   Verdeutlichen Sie sich im zweiten Schritt, was diese Aussagen für Sie und Ihre Mitarbeiter bedeutet und welche Ziele Sie in Ihrem Verantwortungsbereich erreichen müssen, um Ihren Beitrag zur Leistungsfähigkeit des Unternehmens zu erbringen.

Checkliste: Ableiten von Zielen 1

Checkliste: Ableiten von Zielen		
1.	Was sagt die Unternehmensvision? (Was ist unser Traum? Wie sollen wir sein? Was wollen wir erreichen?)	
2.	Was sagt die Mission? (Wie lautet der "Kampfauftrag"? Was wollen wir angehen?)	
3.	Was sagen das Leitbild und die Spielregeln? (Wie sollen wir uns verhalten? Was soll gut und richtig sein?)	
4.	Welche Unternehmensziele wollen wir erreichen?	
5.	Welche Ziele sind daraus für die einzelnen Organisationseinheiten auf der ersten Ebene abgeleitet? (z. B. Bereichsziele)	
6.	Welche Ziele sind daraus für die zweite Organisationsebene abgeleitet?	
7.	Welche Ziele existieren für die dritte Organisationsebene? (für die Gruppen oder die Teams)	

Checkliste: Ableiten von Zielen 2

Checkliste: Ableiten von Zielen		
1.	Welche Ziele (Projekte, Aufgaben, Leistungen, Mitarbeiter etc.) ergeben sich für meinen Verantwortungsbereich?	
2.	Welche Ziele (Projekte, Aufgaben, Leistungen, Mitarbeiter etc.) ergeben sich für mich persönlich?	
3.	Welche Ziele (Projekte, Aufgaben, Leistungen etc.) ergeben sich für meine Mitarbeiter?	
4.	Welcher Mitarbeiter kann welche Aufgaben, Projekte, Leistungen übernehmen?	

Arbeitsmittel

In diesem Abschnitt und auf der CD-ROM finden Sie hilfreiche Arbeitsmittel für die Vorbereitung und Durchführung von Zielvereinbarungsgesprächen mit Ihren Mitarbeitern:

- Checkliste: So klären Sie Ihre Ziele und Anforderungskriterien
- Gesprächsleitfaden: Zielvereinbarungsgespräch
- Übersicht: Ablauf eines Zielvereinbarungsgesprächs
- Checkliste: Zielüberprüfung

Checkliste: So klären Sie Ihre Ziele und Anforderungskriterien

Kriterium	Anmerkung	Erfüllt?
Verfüge ich über klar formulierte Unternehmensziele?	Aus ihnen sollten die Mitarbeiterziele abgeleitet werden der Bezug muss dem Mitarbeiter deutlich sein, damit er seinen Beitrag zu den Unternehmenszielen erkennen kann.	
Verfüge ich über klar formulierte Bereichs- (Abteilungs-/Gruppen-) Ziele? Welche Aufgaben und Veränderungen stehen in meinem Verantwortungsbereich an?	Im besten Fall sind sie aus den Unternehmenszielen abgeleitet. Auch hier erkennt der Mitarbeiter klar den Beitrag, den er mit der Erreichung seiner Ziele leistet. Zusammenhänge und Abhängigkeiten sind ihm klar.	
Kennt der Mitarbeiter die übergeordneten Ziele und das Zielvereinbarungsverfahren?	Nur wenn er beides kennt, kann er Ziele für sich selbst definieren und sich auf das Gespräch vorbereiten.	
Zu welchen Bereichszielen (Abtl./Gruppe) oder Aufgaben kann der Mitarbeiter einen wirkungsvollen Beitrag leisten?		
Welche Ziele möchte ich mit dem Mitarbeiter vereinbaren?		
Welche Ziele für das direkte Aufgabengebiet und welche darüber hinausgehenden Ziele kann ich vereinbaren?	Streben Sie eine Mischung an. Achten Sie darauf, dem Mitarbeiter mit den Zielen wirklich neue Herausforderungen und Anreize zu geben.	
Kann ich diese Ziele mit dem Mitarbeiter vereinbaren?	Erst das Commitment macht Ziele wirkungsvoll. Es beinhaltet das Einverständnis des Mitarbeiters, die vereinbarten Ziele als die eigenen anzuerkennen.	

Kriterium	Anmerkung	Erfüllt?
Sind die Ziele sinnvoll?	Das Erkennen der Sinnhaftigkeit ist der Schlüssel zur Motivation. Das Sinnstiftungsproblem (Warum ist es sinnvoll, dass wir dieses oder jenes so tun?) ist also bei jeder Zielvereinbarung zu lösen.	
Sind die Ziele für den Mitarbeiter herausfordernd?	Ohne Herausforderung bestehen weder Reiz noch Ansporn. Das „Gummiband" muss so gestrafft sein, dass der Mitarbeiter das Ziel als schwierig, aber lösbar empfindet. Dies ist der Fall, wenn das Ziel seine Kompetenzgrenzen betrifft. Nur so kann er lernen und sich weiterentwickeln.	
Sind die Ziele klar terminiert?	Kein Ziel ohne klar definierten Anfang und klar definiertes Ende. Nur wenn der Mitarbeiter weiß, wann er die Leistung erbracht haben muss, kann er seine Kapazitäten entsprechend einplanen.	
Sind die Ziele eindeutig messbar?	Messbar müssen Ziele sein, um sie überprüfen zu können. Denn ohne Überprüfbarkeit sind Ziele wirkungslos. Messkriterien für den Erfolg sind leicht für quantitative Ziele zu beschreiben (Umsatz-, Ertrags-, Budgeteinhaltungs- oder Profitabilitätszahlen).	
	Schwieriger ist es bei qualitativen Zielen (Innovations-, Verhaltens- oder persönliche Entwicklungsziele). Hier geht es um die Beschreibung des „Wie" des Endzustands: Was werden wir haben/was wird anders sein, wenn das Ziel erreicht ist?	
Habe ich Kriterien zur Beurteilung des Zielerreichungsgrads?	Bewerten Sie die Zielerreichung nicht nur nach „erreicht" oder „nicht erreicht", besser ist es hier, mehrere Stufen anzubieten, z. B.: > überschritten > vollständig erreicht > knapp erreicht oder > verfehlt Beschreiben Sie, bei welchem Ergebnis welcher Erfüllungsgrad gilt.	
Kennt der Mitarbeiter die Konsequenzen der Zielerreichung und Nicht-Erreichung?	Das „Was-passiert-wenn" sollte dem Mitarbeiter bekannt sein, damit er die Verantwortung für die Zielerreichung übernehmen kann.	
Ist das Ziel konkret beschrieben?	Vermeiden Sie Missverständnisse, indem Sie das Ziel mit Detailinformationen beschreiben. Je genauer die Beschreibung, desto besser weiß der Mitarbeiter, was er zu tun hat.	

Kriterium	Anmerkung	Erfüllt?
Hat der Mitarbeiter die notwendigen Qualifikationen und die erforderliche Motivation?	Überprüfen Sie beide Aspekte. Bei fehlendem Können sollten Sie dem Mitarbeiter entsprechende Qualifikationshilfen geben. Bei fehlendem Wollen fragen Sie, warum das so ist. Können Sie an den Bedingungen nichts ändern, übertragen Sie das Ziel vielleicht besser einem anderen Mitarbeiter.	
Sind alle erforderlichen Ressourcen vorhanden?	Wenn dem Mitarbeiter Ressourcen fehlen, brauchen Sie auch nicht erwarten, dass er das Ziel erreicht.	
Welche Rahmenbedingungen müssen für die Zielerreichung beachtet werden?		
Ist mit Veränderungen/ Schwierigkeiten bei der Zielerreichung zu rechnen? Wann können diese auftreten?		
Habe ich dem Mitarbeiter für das Ziel und die zu erledigen- den Aufgaben die notwendige Verantwortung übertragen?	Nutzen Sie die Delegation von Verantwortung im Zielvereinbarungsprozess als wichtigen Motivationsfaktor: Wenn sich Ihre Mitarbeiter verantwortlich fühlen, werden sie sich auch mehr anstrengen, das Ziel zu erreichen.	
Ist die Zielerreichung realistisch?	Sind alle erforderlichen Bedingungen erfüllt? (klares Zielverständnis, Messbarkeit, Termine, Ressourcen, Qualifikation) Stehen Anzahl und Umfang der Ziele im richtigen Verhältnis	
Wer erhält Kenntnis von der Zielvereinbarung?		

CD-ROM

Gesprächsleitfaden: Zielvereinbarungsgespräch	
1.	Sorgen Sie für eine angenehme Gesprächsatmosphäre und ausreichend störungsfreie Gesprächszeit.
2.	Übernehmen Sie die Gesprächssteuerung, ohne im Gespräch zu dominieren.
3.	Treffen Sie Vereinbarungen über Gesprächsziele, Vorgehensweise und Zeitrahmen.
4.	Besprechen Sie die Zielerreichung der letzten Periode.
5.	Fragen Sie den Mitarbeiter nach seiner Einschätzung der Zielerreichung und teilen Sie ihm dann die Ihre mit.
6.	Erläutern Sie die Unternehmensziele (Bereich-, Abteilungs- und Gruppenziele).
7.	Fragen Sie den Mitarbeiter nach seinen Zielen.
8.	Sprechen Sie mit ihm über die Ziele, die Sie mit ihm vereinbaren wollen.
9.	Erarbeiten Sie gemeinsam Ziele für das Folgejahr und legen Sie diese fest.
10.	Legen Sie ggf. unterstützende Maßnahmen zur Förderung der Zielerreichung fest.
11.	Erarbeiten Sie persönliche Entwicklungsziele und Maßnahmen zu deren Umsetzung.
12.	Fassen Sie die Ergebnisse des Gesprächs schriftlich zusammen, unterschreiben Sie beide den Zielvereinbarungsbogen.
13.	Vereinbaren Sie Termine für Zwischengespräche und Zwischenbilanzen.
14.	Vermeiden Sie, selbst zu viel zu sprechen – halten Sie keine Monologe.
15.	Beziehen Sie den Mitarbeiter immer wieder mit ein.
16.	Hören Sie zu und greifen Sie die Interessen des Mitarbeiters auf.
17.	Seien Sie Vorbild, zeigen Sie Respekt und Anerkennung.

Übersicht: Ablauf eines Zielvereinbarungsgesprächs

Ablauf	Zu beantwortende Fragen	To Do Führungskraft	To Do Mitarbeiter	Gesprächsverhalten Führungskraft
1. Gesprächsbeginn	Was ist das Ziel dieses Gesprächs?	Gesprächsanliegen benennen, positive Atmosphäre schaffen		muss das Gespräch strukturieren
2. Ist-Soll-Zustände beschreiben	Wo liegt das Problem? Was soll erreicht werden?	Darstellung des Problems aus seiner Sicht, Rahmen- und Zielbestimmungen aus seiner Sicht erläutern	Sicht zum Problem und der Zieldefinition äußern, Aufgabengebiet des Mitarbeiters klären	aktiv zuhören, bei Unklarheiten ggf. nachfragen, Gedanken des MA spiegeln
3. Zielvereinbarung	Machen Sie mit? Was schlagen Sie vor?	Sichtweise des MA nachvollziehen, seine Widerstände ernst nehmen, Konzentration auf das Arbeitsfeld des MA und diesen zu Vorschlägen animieren	nachfragen, Alternativvorschläge, Ideen und Bedenken zum Lösungsansatz erarbeiten	Gesagtes zusammenfassen und präzisieren
4. Konkretisierung	Was wollen wir genau erreichen und bis wann? Welche Priorität hat diese im Vergleich zu anderen Aufgaben?	Resümieren der Vorschläge des MA und Weiterentwickeln zu konkreten Arbeitsaufträgen	Konkrete Aufgabenstellungen vorschlagen	Gedanken wiedergeben, resümieren und auf den Punkt bringen
5. Abschluss des Gesprächs	Was wurde vereinbart? Wann erfolgen Ergebniskontrollen? Wie erfassen wir das Maß "erfolgreich"?	Vereinbarungen zusammenfassen und schriftlich festhalten, Folgetermin vereinbaren	Zielvereinbarung verbindlich und verpflichtend anerkennen	Ergebnisse noch einmal strukturieren und zusammenfassen

Checkliste: Zielüberprüfung	ja	nein	to do
Ist das Ziel vollständig und konkret formuliert?			
Ist das Ziel attraktiv? Bietet es einen Nutzen?			
Sind mögliche Zielkonflikte geklärt?			
Ist die Zielerreichung eindeutig messbar?			
Ist das Ziel terminiert?			
Sind sinnvolle Teilziele abgeleitet und terminiert?			
Sind die Controlling-, Planungs- und Umsetzungstermine allen Beteiligten bekannt?			
Stehen alle notwendigen Ressourcen zur Verfügung?			
Sind mögliche Risiken bei der Zielerreichung bekannt?			
Gibt es alternative Lösungs- bzw. Handlungswege?			

7 Beurteilungsgespräche vorbereiten und durchführen

Im Beurteilungsgespräch kommunizieren Sie Ihre Einschätzung der Mitarbeiterleistung an Ihre Mitarbeiter. Ihr Ziel ist dabei immer, das Beurteilungsgespräch so zu gestalten, dass die Mitarbeiter die Beurteilung verstehen und nachvollziehen können, sie akzeptieren und gemeinsam mit Ihnen an einer Leistungsstabilisierung und -verbesserung arbeiten.

Übersicht

Hier haben wir übersichtlich zusammengefasst, welche Schritte Sie bei der Vorbereitung eines Beurteilungsgesprächs im Einzelnen beachten müssen. Anschließend finden Sie eine ausführliche Schritt-für-Schritt-Anleitung und hilfreiche Arbeitsmittel.

Übersicht: Ein Beurteilungsgespräch vorbereiten	
Schritt 1: Anforderungen an den Mitarbeiter klären	
Welche Aufgaben umfasst die Position?	
Welche Kompetenzen benötigt der Mitarbeiter?	
Welche Anforderungen stellen Sie an den Mitarbeiter?	
Schritt 2: Die Beurteilung mit Beispielen belegen	
Mit welchen Fakten begründen Sie die Beurteilung?	
Begründen Sie Ihre Einschätzung der Leistung des Mitarbeiters mit konkreten Fakten.	
Orientieren Sie Ihre Beurteilung an der Erreichung konkreter Ziele.	
Schritt 3: Den Mitarbeiter um eine Selbsteinschätzung bitten	
2 Wochen vor dem Beurteilungsgespräch: Mitarbeiter Beurteilungsbogen aushändigen und um Selbsteinschätzung bitten.	

Schritt 4: Den Gesprächsablauf planen	
Planen Sie den Ablauf des Beurteilungsgesprächs anhand des Gesprächsleitfadens (siehe CD-ROM).	
Schritt 5: Den Gesprächsrahmen vorbereiten	
Legen Sie Ort und Zeit des Gesprächs fest.	
Reservieren Sie einen ruhigen Raum für das Beurteilungsgespräch.	
Laden Sie den Mitarbeiter ca. 2 Wochen vor dem Gespräch ein.	

Anleitung

Schritt 1: Anforderungen an den Mitarbeiter klären

Zunächst müssen Sie klären, welche Anforderungen der Mitarbeiter erfüllen soll. Hier müssen Sie vor allem folgende Fragen klären:

* Welche Aufgaben umfasst die Position?
* Welche Kompetenzen benötigt der Mitarbeiter?
* Welche Anforderungen stellen Sie an den Mitarbeiter?

Schritt 2: Die Beurteilung mit Beispielen belegen

Für alle Beurteilungen gilt: Basis der Beurteilung ist die Aufgabe! Prüfen Sie für jede einzelne Beurteilungsdimension und jeden Mitarbeiter, ob und inwieweit er diese Kompetenzen in seinem Aufgabenbereich zeigen kann und benötigt.

Sie können nur beurteilen, was der Mitarbeiter wirklich tut oder tun sollte. Unterschiedliche Aufgaben stellen unterschiedliche Anforderungen an Ihre Mitarbeiter. Deswegen können die einzelnen zu beurteilenden Kompetenzen für den einen Mitarbeiter zur Ausübung seiner Tätigkeit sehr wichtig, für den anderen jedoch weniger wichtig sein. Auch der Maßstab, was in einer Position gut ist und was nicht, variiert von Position zu Position. Beurteilungen sind nur für Mitarbeiter mit exakt gleichen Aufgaben vergleichbar.

Tipp

Klären Sie für sich, was welche Beurteilungsstufe bedeutet – nur so können Sie mit einer einheitlichen Sichtweise an die Beurteilung Ihrer Mitarbeiter herangehen.

Schritt 3: Den Mitarbeiter um eine Selbsteinschätzung bitten

Eine gute Vorbereitung eines Beurteilungsgesprächs umfasst nicht nur Ihre Vorbereitung, sondern auch die des Mitarbeiters. Geben Sie dem Mitarbeiter ca. zwei Wochen vor dem vereinbarten Termin den Beurteilungsbogen mit der Bitte, zum Gespräch eine Selbsteinschätzung mitzubringen.

Schritt 4: Den Gesprächsablauf planen

Den Ablauf des Beurteilungsgesprächs planen Sie am besten mithilfe des Gesprächsleitfadens, den Sie auch auf der CD-ROM finden.

Schritt 5: Den Gesprächsrahmen vorbereiten

Wählen Sie einen Raum mit angenehmer Atmosphäre und achten Sie darauf, dass Sie nicht gestört werden.

Arbeitsmittel

Zur Vorbereitung und Durchführung Ihrer Beurteilungsgespräche können Sie die nachfolgenden Checklisten und den Gesprächsleitfaden nutzen. Diese Arbeitsmittel enthalten wichtige Fragen, um sich vor der Beurteilung ein genaues Bild über den Mitarbeiter, seine Aufgaben und die an ihn gestellten Anforderungen zu erarbeiten.

- Checkliste: Anforderungen an den Mitarbeiter klären
- Checkliste: Die Beurteilung durch Beispiele belegen
- Gesprächsleitfaden: Beurteilungsgespräch

Checkliste: Anforderungen an den Mitarbeiter klären	
Welche Aufgaben umfasst die Position?	
Was genau tut der Mitarbeiter?	
Welche Verantwortung umfasst die Position?	
Welche Kompetenzen benötigt der Mitarbeiter für seine Tätigkeit bzw. welche sind weniger erforderlich?	
Wie stark müssen die einzelnen Kompetenzen ausgeprägt sein, um die Anforderungen zu erfüllen?	

Welche Anforderungen stelle ich für die Aufgabenerfüllung an den Mitarbeiter?	
Was für eine Aufgabenwahrnehmung erwarte ich von dem Mitarbeiter?	
Welches Verhalten erfüllt die Anforderungen in vollem Umfang?	
Mit welchem Verhalten übertrifft der Mitarbeiter die Anforderungen?	
Mit welchem Verhalten sind die Anforderungen nicht immer erfüllt?	

CD-ROM

Checkliste: Die Beurteilung durch Beispiele belegen	
Habe ich die Leistungen des Mitarbeiters regelmäßig und fortlaufend beobachtet?	
Kann ich meine Bewertung mit einer ausreichenden Anzahl von Beispielen aus dem Alltag begründen?	
Kann ich meine Beurteilung durch sachliche, stichhaltige und abgesicherte Fakten begründen, die aus eigener Beobachtung stammen?	
Kann ich Beurteilerfehler weitgehend ausschließen?	
Habe ich dem Mitarbeiter zwischendurch ausreichend Feedback zu seinem Verhalten und zu seinen Leistungen gegeben?	
Weiß der Mitarbeiter aus der bisherigen Zusammenarbeit, wie ich ihn einschätze, oder wird meine Beurteilung überraschend für ihn sein?	
Habe ich dem Mitarbeiter genügend Zeit gegeben, um sich seinerseits auf das Gespräch vorzubereiten?	
Welches sind die wichtigsten Punkte der Beurteilung und wie sollen sie im Gespräch angesprochen werden?	
Mit welchen Einwänden ist im Gespräch zu rechnen?	
Welche Ziele will ich mit der Beurteilung erreichen?	

Gesprächsleitfaden: Beurteilungsgespräch		
1.	Wählen Sie einen Raum mit angenehmer Atmosphäre und achten Sie darauf, dass Sie nicht gestört werden.	
2.	Stellen Sie eine angenehme Gesprächsatmosphäre her und klären Sie eventuelle Bedenken und offene Fragen des Mitarbeiters.	
3.	Besprechen Sie mit dem Mitarbeiter die Gesprächsziele, die Vorgehensweise und den Zeitrahmen zu Beginn des Gesprächs.	
4.	Klären Sie, ob Sie und Ihr Mitarbeiter über ein einheitliches Verständnis der einzelnen Beurteilungsstufen verfügen.	
5.	Erläutern Sie evtl. noch einmal den Beurteilungsbogen und klären Sie Fragen des Mitarbeiters zum Beurteilungsprozess.	
6.	Tauschen Sie sich über die Arbeitsergebnisse des Mitarbeiters aus, indem Sie gemeinsam über jede Dimension sprechen.	
7.	Fragen Sie den Mitarbeiter im ersten Schritt nach seinen Einschätzungen einer Dimension.	
8.	Bitten Sie Ihren Mitarbeiter, seine Selbsteinschätzung zu begründen.	
9.	Erläutern Sie Ihre Einschätzung des Verhaltens und der Leistungen anhand von Beispielen, warum Sie es so sehen und wie Sie es bewerten.	
10.	Tauschen Sie sich über Differenzen in der Einschätzung einer Dimension aus: Wo genau liegen die Differenzen?	
11.	Drücken Sie Wertschätzung und Anerkennung für erbrachte Leistungen aus.	
12.	Geben Sie dem Mitarbeiter die Möglichkeit, Wünsche, Anregungen oder Kritik zu formulieren.	
13.	Gestehen Sie eigene Fehler und Versäumnisse ein.	
14.	Nehmen Sie Denkanstöße, Wünsche und Vorschläge des Mitarbeiters ernst.	
15.	Sprechen Sie kritische Punkte klar und eindeutig an.	
16.	Suchen Sie gemeinsam mit dem Mitarbeiter nach Lösungen und Verbesserungsmöglichkeiten.	
17.	Besprechen Sie Maßnahmen zur gewünschten Leistungsverbesserung sowie den Förder- und Qualifizierungsbedarf und legen Sie entsprechende Maßnahmen fest.	
18.	Vereinbaren Sie Termine, wann besprochene Maßnahmen eingeleitet, umgesetzt und kontrolliert werden.	
19.	Dokumentieren Sie die Ergebnisse, unterschreiben Sie den Bogen und lassen Sie ihn vom Mitarbeiter gegenzeichnen.	
20.	Finden Sie einen positiven und motivierenden Gesprächsabschluss.	

8 Ein Personalentwicklungsgespräch führen

Wenn Sie mit Ihren Mitarbeitern vorgegebene oder vereinbarte Ziele erreichen wollen, müssen Sie dafür Sorge tragen, dass Ihre Mitarbeiter auch über
die erforderlichen Qualifikationen und Kompetenzen verfügen. Nur Sie als
Führungskraft können wissen, welche Qualifikationen Ihre Mitarbeiter brauchen, um die gestellten Aufgaben erfolgreich zu erfüllen und die vereinbarten
Ziele zu erreichen.

Übersicht

Hier haben wir übersichtlich zusammengefasst, welche Schritte Sie im Einzelnen beachten müssen, wenn Sie ein Personalentwicklungsgespräch führen.
Anschließend finden Sie eine ausführliche Schritt-für-Schritt-Anleitung und
hilfreiche Arbeitsmittel.

Übersicht: Ein Personalentwicklungsgespräch führen	
Schritt 1: Den Entwicklungsbedarf bestimmen	
Instrumente zur Bestimmung des Entwicklungsbedarfs auswählen	
Schritt 2: Ein Vorbereitungsgespräch mit dem Mitarbeiter führen	
Absprache mit dem Mitarbeiter treffen, welche Entwicklungsmaß-nahmen in Frage kommen	
Ziele der Qualifizierungsmaßnahme schriftlich festhalten	
Schritt 3: Entwicklungsmaßnahme auswählen	
Achten Sie bei der Auswahl einer Personalentwicklungsmaßnahme auf eine strikte Trennung von Schulungsmaßnahmen und Motivati-onsveranstaltungen.	
Lassen Sie andere Kollegen von der Qualifizierung des Mitarbeiters profitieren (z. B. durch Weitergabe von Informationsmaterial etc.).	
Testen Sie die Inhalte der Entwicklungsmaßnahme vorher selbst, um festzustellen, ob sie dem Bedarf entsprechen.	
Ziehen Sie bei komplizierten Fällen Experten hinzu.	

Schritt 4: Den Erfolg der Entwicklungsmaßnahme kontrollieren	
Führen Sie ein Nachbereitungsgespräch mit dem Mitarbeiter.	
Prüfen Sie, ob die Lernziele erreicht worden sind.	
Beobachten Sie, ob das erworbene Wissen auch in der Betriebspraxis zur Anwendung kommt.	
Bitten Sie Ihren Mitarbeiter, das erworbene Wissen an seine Kollegen weiterzugeben.	

Anleitung

Schritt 1: Den Entwicklungsbedarf bestimmen

Das Personalentwicklungsgespräch dient dazu, den Entwicklungsbedarf Ihres Mitarbeiters zu bestimmen und individuelle Förderstrategien zu entwerfen. Bei der Bestimmung des Entwicklungsbedarfes steht die Qualifizierung und Weiterentwicklung des Mitarbeiters im Vordergrund.

Zur Erfassung des Entwicklungsbedarfs Ihrer Mitarbeiter können Sie folgende Instrumente nutzen:

- Mitarbeiterbefragungen
- Zielvereinbarungssysteme
- Mitarbeiterbeurteilungssysteme
- Führungskräfte-Feedback
- 360°-Feedback
- Kundenbefragungen
- Personalentwicklungsgespräche
- Potenzialanalysen
- Potenzialportfolio
- Motivationsbefragungen/Analysen
- Zufriedenheitsanalysen
- Personalreview/Audit
- abteilungsbezogene Leistungsanalyse

Schritt 2: Ein Vorbereitungsgespräch führen

Führen Sie vor der Qualifizierungsmaßnahme ein Vorbereitungsgespräch mit dem betreffenden Mitarbeiter. Darin treffen Sie eine Absprache mit dem Mitarbeiter, welche Lerninhalte für seine persönliche Entwicklung bzw. für seine Tätigkeit besonders wichtig sind. Außerdem klären Sie die Ziele der Qualifizierungsmaßnahme und halten sie schriftlich fest.

Schritt 3: Entwicklungsmaßnahme auswählen

Bei der Auswahl der passenden Entwicklungsmaßnahme für Ihren Mitarbeiter, sollten Sie die folgenden Hinweise beachten:

- Achten Sie darauf, dass Sie immer die wirkungsvollste Maßnahme wählen und nicht die, die Ihnen am einfachsten erscheint.
- Vermeiden Sie die Vermischung von Incentives und Personalentwicklung. Personalentwicklung ist aus Unternehmenssicht Arbeit und dient der Umsetzung der betrieblichen Anforderungen bzw. der unternehmerischen Entwicklungszielen. Behalten Sie eine strikte Trennung von Schulungsmaßnahmen und Motivationsveranstaltungen bei. Lernen kann Spaß machen, was aber nicht das Hauptziel ist.
- Lassen Sie auch andere von dem neu erworbenen Wissen eines Kollegen profitieren. Wissensmanagement und Qualifizierung in Ihrem Bereich kann auch bedeuten, dass Mitarbeiter, die z. B. an externen Weiterbildungsmaßnahmen teilnehmen, danach ihre Kollegen über wichtige Lerninhalte informieren und ihnen die Unterlagen zur Verfügung stellen.
- Probieren Sie die zu lernenden Inhalte (Bücher, CD-ROM, Web-Based-Training) vorher selbst aus. Nur so wissen Sie, ob die Inhalte dem Bedarf tatsächlich entsprechen.
- Ziehen Sie bei komplizierten Fällen Experten hinzu. Dafür sind die Kollegen aus der Personalentwicklung oder externe Personalberater da.
- Kontrollieren Sie die Lern- und Personalentwicklungsmaßnahmen (siehe Schritt 4).

Schritt 4: Den Erfolg der Entwicklungsmaßnahme kontrollieren

Unmittelbar nach der Qualifizierungsmaßnahme führen Sie ein Nachbereitungsgespräch mit dem betreffenden Mitarbeiter, in dem Sie kontrollieren, inwieweit die vorher festgelegten Ziele erreicht wurden. Besprechen Sie darüber hinaus Maßnahmen, wie das vermittelte Wissen im Unternehmen multipliziert werden kann. Im Rahmen einer solchen internen Weiterbildung gibt der Mitarbeiter sein neu erworbenes Wissen an Kollegen weiter, die nicht an der Qualifizierungsmaßnahme teilgenommen haben. Der Nutzen ist gleich zweifach: Durch die Funktion als „Lehrer" festigt sich das Wissen des Mitarbeiters und es wird zusätzlich an andere Personen weitergegeben.

In dieser Phase ist es wichtig, dass Sie als Führungskraft offen sind für neue Ideen, die der Mitarbeiter im Rahmen der Qualifizierungsmaßnahme gewonnen hat. Ihre Aufgabe ist es, den Raum zu schaffen, damit diese Ideen umgesetzt werden können.

Um einen langfristigen Erfolg sicherzustellen, vereinbaren Sie in diesem Nachbereitungsgespräch einen Termin für ein späteres Transfergespräch. Es empfiehlt sich, dieses Gespräch nach etwa einem halben Jahr anzusetzen.

Sie kontrollieren, ob das neu erworbene Wissen auch langfristig zur Anwendung kommt, welche Veränderungen umgesetzt wurden und welche Erfahrungen mit dem neuen Wissen gemacht wurden. Den meisten Menschen fällt es sehr schwer, Veränderungen in der eigenen Person zu beurteilen. Hier kann Ihnen ein Feedback durch Mitarbeiter und andere Kollegen helfen, die mit der betreffenden Person häufiger zusammenarbeiten. Ein solches Feedback sollte schriftlich und anonym erfolgen. Darin werden Änderungen im Verhalten am Arbeitsplatz bzw. im Lernfeld erfragt. Veränderungen in Wissen, Fertigkeiten und Einstellungen können selbstverständlich nur von der betreffenden Person selbst beurteilt werden.

Arbeitsmittel

In diesem Abschnitt und auf der CD-ROM finden Sie hilfreiche Arbeitsmittel, die Sie zur Vorbereitung und Durchführung eines Personalentwicklungsgesprächs einsetzen können:

- Checkliste: Fragen in einem Vorbereitungsgespräch
- Checkliste: Fragen in einem Nachbereitungsgespräch

Die folgenden Checklisten enthalten die wichtigsten Fragen, die in einem Vor- und Nachbereitungsgespräch zu einer Personalentwicklungsmaßnahme geklärt werden sollten.

Checkliste: Fragen in einem Vorbereitungsgespräch	
Was erwartet der Teilnehmer von der Maßnahme?	
Welche Lerninhalte sind wichtig für den Teilnehmer?	
Welche Ziele hat der Teilnehmer?	
Welche Ziele hat die Führungskraft?	
Wann erfolgt das Nachbereitungsgespräch? (Termin festlegen)	

Checkliste: Fragen in einem Nachbereitungsgespräch	
Wie bewertet der Teilnehmer die Maßnahme?	
Was hat der Teilnehmer neu dazugelernt?	
Wie stellt sich der Teilnehmer die praktische Anwendung und Umsetzung des Gelernten vor?	
Welche Erwartung hat der Teilnehmer an seinen Vorgesetzten bezüglich der Unterstützung beim Transfer?	
Welche Erwartungen hat die Führungskraft an den Teilnehmer bzgl. der Umsetzung?	
Wann erfolgt das Transfergespräch? (Termin festlegen) Wie lautet das vereinbarte Transferziel?	
Worin wird das Eintreten der gewünschten Veränderungen sichtbar?	

9 Verhandeln mit dem Mitarbeiter

Verhandlungsführung ist die Kunst, eine Übereinstimmung zwischen widerstreitenden Interessen herbeizuführen. Dies ist in Unternehmen eine alltägliche Übung. Sie begegnen ständig Einzelinteressen, Interessengruppen und Lagern, die durch unterschiedliche Meinungen, Überzeugungen, Vorurteile und Kenntnisse geprägt sind. Umso wichtiger ist es für Sie, die Techniken eines guten Verhandlungsmanagements zu beherrschen.

Im Folgenden erfahren Sie, wie Sie eine Verhandlung mit einem Mitarbeiter vorbereiten und durchführen. Darüber hinaus erhalten Sie eine Anleitung und Hinweise, was Sie tun sollten, wenn keine Einigung erzielt werden kann bzw. die Verhandlungssituation zu einem Konflikt eskaliert.

Übersicht

Hier haben wir übersichtlich zusammengefasst, welche Schritte Sie in Verhandlungssituationen mit Mitarbeitern beachten müssen. Anschließend finden Sie eine ausführliche Schritt-für-Schritt-Anleitung und hilfreiche Arbeitsmittel.

Übersicht: Mit dem Mitarbeiter verhandeln	
Schritt 1: Eine Verhandlung vorbereiten	
Eigene Ziele und Interessen bestimmen	
Welche Lösungen sind für Sie akzeptabel?	
Alternative Lösungen vorbereiten	
Die Interessen des Verhandlungspartners einschätzen	
Taktische Vorüberlegungen zur Verhandlung anstellen (siehe Checkliste)	
Schritt 2: Eine Verhandlung erfolgreich durchführen	
Beginnen Sie die Verhandlung mit einer klaren Definition des Themas.	
Achten Sie auch auf das nonverbale Verhalten Ihres Gegenübers.	
Hören Sie Ihrem Verhandlungspartner aufmerksam zu und greifen Sie seine Argumente auf.	

Kontrollieren Sie Ihr eigenen Emotionen.	
Halten Sie Gemeinsamkeiten fest.	
Dokumentieren Sie Gesprächsergebnisse und fassen Sie diese am Ende des Gesprächs zusammen.	
Schritt 3: Den Verhandlungserfolg sichern	
Vermeiden Sie Diskussionen im Anschluss an die Entscheidung.	
Behalten Sie sich das Recht der letzten Entscheidung vor.	
Diskutieren Sie mit Ihren Mitarbeitern nur das Wie, niemals das Ob.	

Anleitung

Schritt 1: Eine Verhandlung vorbereiten

Sie sollten niemals unvorbereitet in eine Verhandlung gehen. Um Ihnen die Vorbereitung zu erleichtern, können Sie auf die nachfolgenden Punkte zugreifen, die diejenigen Bereiche abdecken, zu denen Sie sich im Vorfeld einer Verhandlung Gedanken machen sollten. Beantworten Sie im Vorfeld die folgenden Fragen:

- Was sind meine Interessen und Ziele (minimal/ maximal)?
- Welche Lösungen sind für mich akzeptabel?
- Mit welchen Optionen/Wegen kann ich meine Minimal- und Maximal-Lösung erreichen?
- Habe ich unbeteiligte Dritte oder Experten nach ihrer Einschätzung gefragt?
- Situation des Verhandlungspartners: Welche Abhängigkeiten gibt es für ihn? Wie sehen seine Rahmenbedingungen aus? usw.
- Was sind die Interessen und Ziele meines Verhandlungspartners?
- Mit welchen Optionen können die Ziele für meinen Verhandlungspartner und mich am besten befriedigt werden?
- Was sind für meinen Partner/für mich Lösungen, die den „Gewinn" gegenüber der heutigen Situation erhöhen?
- Habe ich den erforderlichen Wirkungsgrad einer Lösung hinterfragt (dauerhaft vs. vorläufig, Wirtschaftlichkeit etc.)?

Auf der CD-ROM finden Sie eine Checkliste, die diejenigen Bereiche abdeckt, zu denen Sie sich im Vorfeld einer Verhandlung Gedanken machen sollten.

Neben diesen grundsätzlichen Fragen, die Sie vor einer Verhandlung für sich klären, sind auch taktischen Vorüberlegungen sinnvoll:

- Wer ist an der Verhandlung beteiligt?
- Was sind die Haupt- und Nebenthemen der Verhandlung?
- Wer leitet die Verhandlung?
- Mit welchen Funktionen ist der Verhandlungsführer ausgestattet (z. B. Einflussbereich, Entscheidungsbefugnisse, Vertretung des Ergebnisses)?
- Verhandle ich alleine oder mit Kollegen? Wer übernimmt welche Rolle?
- Welche Reihenfolge scheint für die zu behandelnden Themen sinnvoll?
- Möchte ich gleich zu Beginn einen großen Schritt auf den anderen zugehen oder mich erst nach und nach in kleinen Schritten nähern?
- Wie gehe ich/gehen wir mit unerwarteten Situationen/Vorschlägen um? Welche Widerstände sind zu erwarten und wie gehen ich/gehen wir damit um?
- Welche Entscheidungsbefugnisse habe ich? Wann muss ich wen hinzuziehen?
- In welchen Punkten (Haupt-/Nebenthema) bin ich bereit, entgegen zu kommen/ Abstriche zu machen?
- Bin ich bereit, das erzielte Verhandlungsergebnis mit voller Kraft selbst zu verfolgen?

Tipp

Besonders effektiv ist Ihre Vorbereitung, wenn Sie jede der hier aufgeführten Fragen nicht nur beantworten, sondern sich konkrete Handlungsalternativen für Ihre Verhandlungsführung überlegen. Sie sollten sich also fragen, welche Konsequenzen sich aus Ihren Antworten konkret ergeben.

Schritt 2: Eine Verhandlung erfolgreich durchführen

Verhandlungen mit Mitarbeitern

Bei der Verhandlung mit Mitarbeitern geht es meist um die Zulässigkeit der Vertikalität. Denn letztendlich sitzen Sie als Führungskraft immer am längeren Hebel, und das wissen auch Ihre Mitarbeiter. Gehen Sie stets möglichst fair und gerecht vor und wägen Sie alle Argumente gegeneinander ab. Andernfalls würden Sie mit Ihrer Reputation als Führungskraft spielen. Prüfen Sie stets nach, ob die Verhandlung noch auf der Sachebene geführt wird oder ob eine „hidden agenda" vorhanden ist. Finden Sie bei Ihrer Überprüfung versteckte Themen, dann klären Sie diese, bevor Sie die Verhandlung fortsetzen.

Tipps für die Gesprächsführung in Verhandlungssituationen

Im Folgenden finden Sie Tipps, was Sie bei der Gesprächsführung in Verhandlungssituationen beachten sollten:

- Beginnen Sie keine Verhandlung, ohne die Themen klar zu definieren. Verlangen Sie von Ihrem Partner Definitionen. Worum geht es hier?
- Beobachten Sie genau das verbale und nonverbale Verhalten Ihres Partners. Gibt es Widersprüche zwischen verbalen Äußerungen und nonverbalem Verhalten? Welche Informationen können Sie daraus gewinnen?
- Stellen Sie sich auf die Verhaltensweisen Ihres Partners ein. Die gleiche Wellenlänge erzeugt Sympathie.
- Pflegen Sie mit Ihrem Partner oder ihren Partnern intensiven Blickkontakt.
- Seien Sie ein guter Zuhörer, vermitteln Sie Interesse und Lösungswillen.
- Kontrollieren Sie Ihr eigenes Verhalten, vor allem Ihre Emotionen.
- Gliedern Sie und behalten Sie den taktischen und strategischen Überblick über den Verlauf der Argumentation.
- Überprüfen Sie, bevor Sie etwas sagen, ob Ihre Aussagen weiterführenden Charakter haben.
- Sprechen Sie in kurzen Sätzen, um Ihre Verständlichkeit zu optimieren.
- Betrachten Sie auch Angriffe als nützliche und wertvolle Information. Schützen Sie sich vor emotionalen Retourkutschen.
- Führen Sie den Dialog mit Fragen. Wer fragt, der führt.
- Benutzen Sie Fragen auch, um – wenn nötig – von einem Thema auf das nächste zu wechseln.
- Stellen Sie sinnvolle und angemessene Vertiefungsfragen und auch Gegenfragen, um zusätzliche Informationen zu gewinnen.
- Notieren Sie die Motive, die Ihr Partner erkennen lässt, und argumentieren Sie auf das Motiv bezogen.
- Führen Sie Ihrem Partner seinen Nutzen vor Augen, wenn er sich Ihren Argumenten annähert.
- Halten Sie Gemeinsamkeiten fest. Untermauern Sie die gemeinsam erarbeiteten Ergebnisse und gemeinsames Verständnis mit einer Bestätigungsfrage.
- Versichern Sie sich an Schlüsselpunkten des Gesprächs, ob Ihr Partner Sie richtig verstanden hat.
- Planen Sie mehrere Züge im Voraus.
- Bringen Sie pro Satz nur ein Argument ein.
- Dokumentieren Sie die Gesprächsergebnisse.

Im Abschnitt „Arbeitsmittel und auf der CD-ROM finden Sie eine Checkliste, in der diese Hinweise zusammengefasst sind.

Verhandlungen mit Kollegen

Bei Verhandlungen im Kollegenkreis ist keine Vertikalität vorhanden. Denken Sie in dieser Situation immer an das erste Prinzip für erfolgreiche Verhandlungsführung: Niemals Menschen und Rollen miteinander vermischen! Ihr Kollege agiert in der Regel aus der Zielsetzung heraus, das Beste für seinen Aufgabenbereich zu erreichen. Und genau das wollen Sie für Ihren Bereich auch. Werfen Sie das Ihrem Kollegen also nicht vor. Schließlich handeln Sie beide für ein Unternehmen. Sie sollten lieber Ihre Interessen herausarbeiten, das deckt gemeinsame Nenner auf.

Verhandlungen mit Vorgesetzen

Bei Verhandlungen mit Ihren Vorgesetzten sind Sie der Vertikalität ausgesetzt. Halten Sie sich aus diesem Grund an ein wichtiges Prinzip für erfolgreiche Verhandlungsführung: Schaffen Sie Wahlmöglichkeiten! Das bedeutet für Sie, gehen Sie möglichst nie mit nur einer Alternative in eine Verhandlung. Mit nur einer Lösung könnten Sie schnell aus dem Spiel sein. Darüber hinaus besteht die Gefahr, dass Ihre Vorgesetzten solch ein Vorgehen als Einschränkung der eigenen Entscheidungsfreiheit empfinden könnten und schon aus diesem Grund evtl. gegen Ihren Vorschlag stimmen. Zudem sollten Sie Informationen, die Sie an Ihre Vorgesetzten weitergeben wollen, auf das Wesentliche beschränken und alle sonstigen Hintergrundinformationen z. B. in ein Handout packen. Nutzen Sie also das Führungsprinzip „Komplexreduktion".

Schritt 3: Den Verhandlungserfolg sichern

Um Ihren Verhandlungserfolg langfristig sicherzustellen, sollten Sie vor allem die folgenden Punkte beachten:

Tipp 1: Vermeiden Sie Diskussionen im Anschluss an die Entscheidung!

Wenn Verhandlungssituationen so laufen, dass eine der Parteien zwar zustimmt, sich aber ungerecht behandelt fühlt, taucht der Effekt der „Nachentscheidungsdissonanz" auf. Um diesen Zustand zu vermeiden, ist es sinnvoller, wenn Sie die Gegenpartei vorher ausführlich überlegen lassen und sie nicht unter Druck setzen. Generieren Sie stattdessen Argumente und bieten Sie Ihren Verhandlungspartnern Wahlmöglichkeiten. Bereits im Vorfeld und auch während der Verhandlung ist es wichtig, dass Sie deutlich machen, dass die Verhandlungsergebnisse nur unter hohen Auflagen oder evtl. sogar gar nicht revidierbar sind. Stellen Sie ein Regelset auf, das definiert, unter welchen Schwierigkeiten eine Umkehr der einmal getroffenen Entscheidung nur möglich ist oder wann eine Neuaufnahme der Verhandlungssituation notwendig und zulässig ist. Diese Kriterien für die Umkehr und Neuaufnahme einer Verhandlung sollten bereits im Vorfeld festgelegt werden.

Tipp 2: Behalten Sie sich das Recht der letzten Entscheidung vor!

Sie sollten als Führungskraft nie den Fehler machen, auf das Recht der letzten Entscheidung in der Verhandlungssituation zu verzichten. Sie kommen oft in Situationen, in denen Sie Ihre Sichtweisen aufgrund übergeordneter Entscheidungen ändern müssen. Verzichten Sie im ersten Schritt in Verhandlungen mit Mitarbeitern auf Vertikalität und stoßen dann aber im zweiten Schritt getroffene Verhandlungsergebnisse oder Entscheidungen mithilfe der Vertikalität um, wird man Ihr Verhalten als ungerecht empfinden.

Das soll selbstverständlich nicht heißen, dass Sie nicht das bessere Argument gelten lassen sollen. Aber Sie sollten sich, wenn eben möglich, immer das Recht der letzten Entscheidung vorbehalten.

Tipp 3: Diskutieren Sie mit Ihren Mitarbeitern nur das Wie, niemals das Ob!

Generell gilt: Sie als Chef sagen, **ob** und – vorausgesetzt Sie haben in dem jeweiligen Bereich genügend Erfahrung – **bis wann** eine Aufgabe bearbeitet und erledigt sein soll. Mitentscheiden dürfen und sollen Ihre Mitarbeiter über die Frage, wie die Aufgabe erledigt werden soll, welche Rahmenbedingungen erfüllt sein müssen und welche Ressourcen erforderlich sind. Beachten Sie also Ihre Positionierung!

Exkurs: Was tun, wenn bei einer Verhandlung keine Einigung in Sicht ist?

In festgefahrenen Situationen ist eine wirklich konstruktive Zusammenarbeit oft nur sehr schwer zu erreichen. In einer solchen Situation empfiehlt es sich, einen Moderator oder einen Experten hinzuzuziehen.

Eine zweite Möglichkeit wäre aber auch der Versuch, einen kleinen Umweg zu gehen. Finden Sie in der Hauptsache keine Einigung, versuchen Sie Randthemen („Nebenkriegsschauplätze") zu finden, für die Einigungsfähigkeit besteht. Dies können z. B. Ziele sein, denen sich alle Verhandlungspartner verpflichtet fühlen. Haben Sie schließlich ein Randthema gefunden, zu dem eine

Einigung möglich und auch erzielt ist, sollten Sie versuchen, den Bogen wieder zurück zum Hauptthema zu führen. Dabei können Ihnen übergeordnete Gesetze, Regeln, Handlungsanweisungen oder auch die betriebliche Übung sehr hilfreich sein, denn aus ihnen kann in der Vielzahl der Fälle wiederum ein gemeinsames Vorgehen in der Hauptsache entwickelt werden. Äußerst wichtig ist es jedoch, dass Sie während der Verhandlung einen Konflikt vermeiden.

So vermeiden Sie Eskalationen in Verhandlungen

Wird aus einer Verhandlung ein Konflikt, steigen die Kosten und Verluste für alle Konfliktparteien. Allein aus diesem Grund sollten Sie versuchen, die Eskalation eines Konflikts zu verhindern. In Teil 3, Kapitel 16 finden Sie viele Hinweise und Arbeitsmittel für den Umgang mit Konflikten.

Arbeitsmittel

In diesem Abschnitt und auf der CD-ROM finden Sie hilfreiche Arbeitsmittel, die Sie bei Verhandlungen mit Mitarbeitern einsetzen können:

- Checkliste: Taktische Vorüberlegungen zu einer Verhandlung
- Checkliste: Verhandlungen inhaltlich vorbereiten
- Checkliste: Gesprächsführung in Verhandlungen
- Muster: Dokumentation von Verhandlungsergebnissen

Checkliste: Taktische Vorüberlegungen zu einer Verhandlung	
Wer ist an der Verhandlung beteiligt?	
Was sind die Haupt- und Nebenthemen der Verhandlung?	
Wer leitet die Verhandlung?	
Mit welchen Funktionen ist der Verhandlungsführer ausgestattet (z. B. Einflussbereich, Entscheidungsbefugnisse, Vertretung des Ergebnisses)?	
Verhandle ich alleine oder mit Kollegen? Wer übernimmt welche Rolle?	
Welche Reihenfolge scheint für die zu behandelnden Themen sinnvoll?	

Möchte ich gleich zu Beginn einen großen Schritt auf den anderen zu-gehen oder mich erst nach und nach in kleinen Schritten nähern?	
Wie gehe ich/gehen wir mit unerwarteten Situationen/Vorschlägen um? Welche Widerstände sind zu erwarten und wie gehen ich/gehen wir damit um?	
Welche Entscheidungsbefugnisse habe ich? Wann muss ich wen hinzu-ziehen?	
In welchen Punkten (Haupt-/Nebenthema) bin ich bereit, entgegen zu kommen/ Abstriche zu machen?	
Bin ich bereit, das erzielte Verhandlungsergebnis mit voller Kraft selbst zu verfolgen?	

CD-ROM

Checkliste: Verhandlungen inhaltlich vorbereiten	
Was sind meine Interessen und Ziele (minimal/ maximal)?	
Welche Lösungen sind für mich akzeptabel?	
Mit welchen Optionen/Wegen kann ich meine Minimal- und Maximal-Lösung erreichen?	
Habe ich unbeteiligte Dritte oder Experten nach ihrer Einschätzung ge-fragt?	
Situation des Verhandlungspartners: Welche Abhängigkeiten gibt es für ihn? Wie sehen seine Rahmenbedingungen aus? usw.	
Was sind die Interessen und Ziele meines Verhandlungspartners?	
Mit welchen Optionen können die Ziele für meinen Verhandlungspartner und mich am besten befriedigt werden?	
Was sind für meinen Partner/für mich Lösungen, die den „Gewinn" gegenüber der heutigen Situation erhöhen?	
Habe ich den erforderlichen Wirkungsgrad einer Lösung hinterfragt (dauerhaft vs. vorläufig, Wirtschaftlichkeit etc.)?	

Checkliste: Gesprächsführung in Verhandlungen	
Beginnen Sie keine Verhandlung, ohne die Themen klar zu definieren.	
Verlangen Sie von Ihrem Partner Definitionen. Worum geht es hier?	
Beobachten Sie genau das verbale und nonverbale Verhalten Ihres Partners. Gibt es Widersprüche zwischen verbalen Äußerungen und nonverbalem Verhalten? Welche Informationen können Sie daraus gewinnen?	
Stellen Sie sich auf die Verhaltensweisen Ihres Partners ein. Die gleiche Wellenlänge erzeugt Sympathie.	
Pflegen Sie mit Ihrem Partner oder ihren Partnern intensiven Blickkontakt.	
Seien Sie ein guter Zuhörer, vermitteln Sie Interesse und Lösungswillen.	
Kontrollieren Sie Ihr eigenes Verhalten, vor allem Ihre Emotionen.	
Gliedern Sie und behalten Sie den taktischen und strategischen Überblick über den Verlauf der Argumentation.	
Überprüfen Sie, bevor Sie etwas sagen, ob Ihre Aussagen weiterführenden Charakter haben.	
Sprechen Sie in kurzen Sätzen, um Ihre Verständlichkeit zu optimieren.	
Betrachten Sie auch Angriffe als nützliche und wertvolle Information. Schützen Sie sich vor emotionalen Retourkutschen.	
Führen Sie den Dialog mit Fragen. Wer fragt, der führt.	
Benutzen Sie Fragen auch, um – wenn nötig – von einem Thema auf das nächste zu wechseln.	
Stellen Sie sinnvolle und angemessene Vertiefungsfragen und auch Gegenfragen, um zusätzliche Informationen zu gewinnen.	
Notieren Sie die Motive, die Ihr Partner erkennen lässt, und argumentieren Sie auf das Motiv bezogen.	
Führen Sie Ihrem Partner seinen Nutzen vor Augen, wenn er sich Ihren Argumenten annähert.	
Halten Sie Gemeinsamkeiten fest. Untermauern Sie die gemeinsam erarbeiteten Ergebnisse und gemeinsames Verständnis mit einer Bestätigungsfrage.	
Versichern Sie sich an Schlüsselpunkten des Gesprächs, ob Ihr Partner Sie richtig verstanden hat.	
Planen Sie mehrere Züge im Voraus.	
Bringen Sie pro Satz nur ein Argument ein.	
Dokumentieren Sie die Gesprächsergebnisse.	

Muster: Dokumentation von Verhandlungsergebnissen

Anlass:

_____

_____

Gesprächspartner:

_____

_____

Ort: _____ Datum/Uhrzeit: _____

Verhandlungsgegenstand:

_____

_____

_____

Erreichte Vereinbarungen:

_____

_____

_____

Wer tut was bis wann?

_____

_____

_____

Nächster Gesprächstermin:

_____

_____

_____

_____   _____
[Datum/Unterschrift Führungskraft]   [Datum/Unterschrift Mitarbeiter]

Mitarbeiterführung im Team

Lesen Sie hier, wie Sie
- Teams führen,
- Aufgaben effizient delegieren,
- Besprechungen effektiv leiten,
- ein Feedbackgespräch führen.

10 Ein Team führen

Um als Teamleiter erfolgreich zu sein, bedarf es einer Vielzahl von Führungsqualitäten. Teams bestehen zumeist aus vielen unterschiedlichen Persönlichkeiten. Hier müssen Sie Ihre soziale Kompetenz ausspielen und die unterschiedlichen Bedürfnisse Ihrer Mitarbeiter erkennen und auf diese eingehen.

In den unterschiedlichen Teamphasen kommt es nicht selten zu Konfliktssituationen. Hier sind Ihre Vermittlerqualitäten gefragt, um einen für die Konfliktparteien zufrieden stellenden Konsens zu finden. Des Weiteren ist es wichtig, dass Sie Ihre Mitarbeiter motivieren, um zu sehr guten Ergebnissen zu kommen und den Anforderungen der Kunden gerecht zu werden. Zudem lenken und steuern Sie den Informationsfluss im Team und delegieren Aufgaben. Um dieser Vielzahl von Aufgaben gerecht zu werden, müssen Sie sich der vielfältigen Aufgaben bewusst werden. Vor allem brauchen Sie aber eine gute Planung. Ein Team zu führen ist wie ein zweites Projekt zu führen.

In Teil 2, Kapitel 3 werden einzelne Instrumente für die Führung von Teams vorgestellt.

Übersicht

Hier haben wir übersichtlich zusammengefasst, welche Schritte Sie im Einzelnen beachten müssen, um ein Team erfolgreich zu führen. Anschließend finden Sie eine ausführliche Schritt-für-Schritt-Anleitung und hilfreiche Arbeitsmittel.

Übersicht: Ein Team führen	
Schritt 1: Ein Team zusammenstellen	
Wie groß soll die Zahl der Teammitglieder sein?	
Welche Kompetenzen werden für die Erreichung der Teamziele benötigt?	
Welche Ihrer Mitarbeiter erfüllen die erforderlichen Kompetenzen?	

Schritt 2: Teamziele festlegen und Aufgaben verteilen	
Legen Sie konkrete Teamziele fest.	
Leiten Sie die einzelnen Teamziele aus dem übergeordneten Teamauftrag ab.	
Achten Sie darauf, dass die einzelnen Teamziele überprüfbar und messbar sind.	
Brechen Sie die Teamziele auf einzelne konkrete Mitarbeiterziele herunter.	
Prüfen Sie die einzelnen Aufgaben, ob ihre Erledigung in Teamarbeit sinnvoll ist.	
Schritt 3: Mit Teamkonflikten konstruktiv umgehen	
Betrachten Sie Teamkonflikte als einen selbstverständlichen Bestandteil im Teamentwicklungsprozess.	
Wenden Sie professionelle Konfliktlösungstechniken an (siehe Teil 3, Kapitel 16).	

Anleitung

Schritt 1: Ein Team zusammenstellen

Bevor Sie Mitarbeiter für Ihr Team gewinnen, müssen Sie klären, wie groß Ihr Team sein soll. Die Größe des Teams sollten Sie von dem Umfang der zu bewältigenden Aufgaben abhängig machen. Die Leistung und der Erfolg eines Teams verbessern allerdings sich nicht automatisch mit der steigenden Zahl der Teammitglieder. Wenn zu viele Mitarbeiter im Team sind, kann dies die Teamproduktivität sogar einschränken. Untersuchungen haben gezeigt, dass die kritische Größe bei 7 bis 8 Personen liegt. Eine größere Zahl von Teammitgliedern kann leicht zu Reibungsverlusten führen. Bei der Auswahl der Teammitglieder geht es darum, unterschiedliche Qualifikationen und Kompetenzen, die sich im Team ergänzen, zusammenzustellen. Unabhängig von den spezifischen Kompetenzen der einzelnen Mitarbeiter, sollten Sie darauf achten, dass verschiedene Teamtypen oder Rollen in Ihrem Team vertreten sind.

Welche Teamtypen gibt es?

Es lassen sich 4 Grundtypen von Teammitgliedern unterscheiden:

* Neuerer
* Bewahrer
* Macher
* Denker

In dieser Teamtypologie repräsentiert der *Neuerer* das Bedürfnis nach Weiterentwicklung, während der *Bewahrer* das Bedürfnis nach Sicherheit verkörpert. Beide Grundhaltungen sind für den Teamprozess in verschiedenen Phasen notwendig.

Der *Macher* repräsentiert in der Teamtypologie einen Menschen, der eher seiner Eingebung folgt, schnell handelt und seine Umwelt gestalten möchte. Dagegen ist der *Denker* ein analytisch-reflektierender Typ, der in der Lage ist, einen Prozess tiefer zu durchschauen und die Vor- und Nachteile von Handlungsalternativen abzuwägen.

Wenn Sie Ihr Team zusammenstellen, sollten Sie also darauf achten, dass Ihre Mitarbeiter Kompetenzen mitbringen, die durch diese Idealtypen repräsentiert werden. Denn offensichtlich wird ein Team, das einseitig nur aus „blinden Machern" oder „abstrakten Denkern" zusammengesetzt ist, nicht erfolgreich sein.

Schritt 2: Teamziele festlegen und Aufgaben verteilen

Eine wichtige Voraussetzung für den Erfolg eines Teams ist die Festlegung von klaren Zielen, auf die die einzelnen Teammitglieder und das Team im Ganzen hinarbeiten können.

Als Teamleiter ist es Ihre Aufgaben, die Teamziele festzulegen und den Teammitgliedern zu erläutern. Die einzelnen Teamziele leiten sich aus dem übergeordneten Teamauftrag ab. Dieser ist wiederum von den Unternehmenszielen bestimmt. Formulieren Sie die Teamziele möglichst konkret. Achten Sie darauf, dass die Erreichung dieser Ziele messbar bzw. überprüfbar ist.

Aus den Teamzielen lassen sich Mitarbeiterziele ableiten, die einzelne Mitarbeiter in Ihrem Team verfolgen. Diese Mitarbeiterziele sollten wiederum sehr konkret gefasst sein. So werden aus eher abstrakten, übergeordneten Unternehmenszielen Schritt für Schritt Teamziele und konkrete, überschaubare Mitarbeiterziele.

Nicht alle Aufgaben eignen sich für die Bewältigung im Team. Zu den Aufgaben, die erfahrungsgemäß gut im Team zu lösen sind, zählen Aufgaben, die

- nicht für Einzelpersonen lösbar sind,
- für das Unternehmen neu sind und daher eine innovative Herangehensweise von mehreren Mitarbeitern erfordern,
- nur fächerübergreifend zu lösen sind.

Schritt 3: Mit Teamkonflikten konstruktiv umgehen

Eine wichtige Aufgabe für Sie als Teamleiter ist es, Konflikte im Team zu moderieren und Lösungen zu finden. Gerade weil das Team aus unterschiedlichen Temperamenten zusammengesetzt ist (vgl. Schritt 1) sind Teamkonflikte unvermeidbar. Es kommt darauf an, mit diesen Konflikten konstruktiv umzugehen und zu gewährleisten, dass der Teamprozess nicht nachhaltig gestört wird.

Wenn im Team Konflikte auftreten, sollten Sie professionelle Konfliktlösungstechniken einsetzen (vgl. hierzu Teil 2, Kapitel 5).

Arbeitsmittel

In diesem Abschnitt und auf der CD-ROM finden Sie eine Übersicht mit den wichtigsten Regeln für eine erfolgreiche Teamarbeit.

Übersicht: Regeln für eine erfolgreiche Teamarbeit	
Andere werden nicht andauernd unterbrochen.	
"Verstehen" und das Bemühen darum steht im Vordergrund, nicht die eigene Meinung.	
Es wird nachgefragt, um den anderen richtig zu verstehen.	
Informationen und Erklärungen werden für alle verständlich formuliert.	
Meinungen werden in Ich-Botschaften ausgetauscht.	
Die konstruktive Diskussion und das Ringen um die beste Lösung stehen im Vordergrund.	

Es wird nach Chancen gesucht, nicht nach Problemen.	
Lösungen, nicht Schuld steht im Vordergrund.	
Es werden Beispiele, Bilder, persönliche Erlebnisse benutzt, um Inhalte zu erklären.	
Verbale und nonverbale Kommunikation sind stimmig.	
Die Aufnahmefähigkeit des Gesprächspartners wird nicht durch Monologe überfordert.	
Meinungen werden durch Argumente veranschaulicht.	
Es wird nachgefragt, wenn etwas nicht verstanden worden ist.	
Ein roter Faden wird eingehalten.	
Wichtige Punkte werden nochmals zusammengefasst.	
Bei Fehlern wird nach Möglichkeiten der Verbesserung und der zukünftigen Fehlervermeidung gesucht.	
Bei guter und schlechter Leistung geben sich die Teammitglieder gegenseitig konstruktives Feedback.	
Konflikte werden angesprochen und gelöst.	

11 Aufgaben sinnvoll delegieren

Delegation ist ein Hebel zur wirkungsvollen Multiplikation Ihrer Arbeitskraft. Mithilfe der Delegation von Aufgaben und Verantwortung können Sie Erfolge erreichen, die alleine nicht zu bewältigen sind. Sie können außerdem das Wissen Ihrer Mitarbeiter nutzen. Darüber hinaus ist Delegation ein wesentliches Instrument, um Ihre Mitarbeiter lernen und wachsen zu lassen – sie zu fördern. Ihren Mitarbeitern beweisen Sie, dass Sie Vertrauen in Ihre Mitarbeiter und deren Fähigkeiten haben.

Übersicht

Hier haben wir übersichtlich zusammengefasst, welche Schritte Sie im Einzelnen beachten müssen, wenn Sie Aufgaben an Ihren Mitarbeiter delegieren. Anschließend finden Sie eine ausführliche Schritt-für-Schritt-Anleitung und hilfreiche Arbeitsmittel.

Übersicht: Aufgaben sinnvoll delegieren	
Schritt 1: Bereiten Sie die Delegation vor	
Prüfen Sie, ob sich die Aufgabe sinnvoll delegieren lässt.	
Stellen Sie fest, welcher Mitarbeiter sich für die Übernahme der Aufgabe eignet.	
Geben Sie dem Mitarbeiter Einblick in den Gesamtzusammenhang seiner Aufgabe.	
Schritt 2: Unterstützen Sie Ihren Mitarbeiter	
Bieten Sie dem Mitarbeiter Ihre Unterstützung an.	
Achten Sie darauf, dass der Mitarbeiter die delegierte Aufgabe selbstständig erarbeitet.	
Bitten Sie Ihren Mitarbeiter, dass er Lösungsvorschläge präsentiert.	
Vermeiden Sie eine Rückdelegation der Aufgaben.	

Schritt 3: Behalten Sie den Überblick über die delegierten Aufgaben	
Halten Sie schriftlich fest, welche Aufgaben Sie an wen delegiert haben.	
Lassen Sie sich regelmäßig einen aktuellen Stand der Aktivitäten Ihrer Mitarbeiter geben (z. B. in Form eines Wochenberichts).	
Schritt 4: Kontrollieren Sie die Arbeitsergebnisse	
Achten Sie darauf, den Stand der delegierten Aufgaben regelmäßig zu kontrollieren.	
Geben Sie dem Mitarbeiter ein Feedback zu seiner Tätigkeit.	

Anleitung

Schritt 1: Bereiten Sie die Delegation vor

Sinnvolle Delegation kann erst stattfinden, nachdem Sie einen Qualifikations- und Motivations-Check vorgenommen haben. Sie müssen sich sicher sein, dass das für die Erfüllung der Aufgabe notwendige Können (Wissen, Fähigkeiten, Erfahrung) und Wollen (Motivation, Engagement, Selbstvertrauen) beim Mitarbeiter vorhanden ist. Damit der Mitarbeiter einen Sinn in seinem Handeln erkennt, müssen Sie ihm einen Einblick in den Gesamtzusammenhang geben. Zu guter Letzt sind nicht nur die Aufgaben als solche, sondern auch die entsprechenden Ressourcen und Hilfsmittel zur Verfügung zu stellen, damit der Mitarbeiter die Aufgabe vom Mitarbeiter erledigen kann.

Welche Aufgaben sollten Sie delegieren?

Bei der Delegation geht es nicht darum, Unangenehmes oder nur Randaufgaben abzuschieben. Die folgende Abbildung gibt Ihnen einen Überblick, welche Aufgaben Sie delegieren können und bei welchen Aufgaben von Delegation eher abzuraten ist.

Übersicht: Welche Aufgaben lassen sich delegieren?

Delegierbare Aufgaben	Nicht delegierbare Aufgaben
• Vorbereitungsaufgaben (z. B. Präsentationsvorbereitungen) • Routineaufgaben • Spezialistentätigkeiten • Detailaufgaben • Stellvertretung bei Meetings und Besprechungen	• Führungsaufgaben wie Entscheidungen unternehmerischer Größe • Kontrolltätigkeiten • Führung und Motivation von Mitarbeitern • Aufgaben mit großer Risikonahme • Streng Vertrauliches • Sonderfälle • Dringende, brennende Aufgaben, bei denen keine Zeit für Kontrollen bleibt • Beschwerden sind Chefsache • Schnittstellenarbeit ist Manageraufgabe

An wen können Sie welche Aufgabe delegieren?

Bei der Suche nach dem geeigneten Mitarbeiter für die zu delegierenden Aufgaben stehen die Qualifikation und die Motivation des Mitarbeiters im Vordergrund. Verschaffen Sie sich einen Überblick, welcher Mitarbeiter welche Qualifikationen mitbringt. Im Abschnitt „Arbeitsmittel" finden Sie dafür eine geeignete Übersicht.

Schritt 2: Unterstützen Sie Ihren Mitarbeiter

Bieten Sie dem Mitarbeiter Ihre Begleitung an, achten Sie jedoch darauf, dass der Mitarbeiter Lösungen selbstständig erarbeitet. Lassen Sie auf keinen Fall zu, dass der Mitarbeiter die Lösungsvorschläge bei Ihnen „abholt". Fordern Sie im Gegenteil ein, dass er Ihnen Lösungsvorschläge präsentiert, die er erarbeitet und bewertet hat.

Bedenken Sie, dass ein Zuviel an Hilfe als Einmischung gewertet werden kann und die Motivation und das Selbstbewusstsein des Mitarbeiters darunter leiden können.

Schritt 3: Behalten Sie den Überblick über die delegierten Aufgaben

Den Überblick über mehrere delegierte Aufgaben behalten Sie, indem Sie mit Ihren Mitarbeitern vereinbaren, dass diese Sie kurz und prägnant per E-Mail, z. B. in Form eines Wochenberichts, über den aktuellen Stand ihrer Aktivitäten informieren. Sie sind so jederzeit in der Lage, auch Anfragen Dritter kompetent zu beantworten. Das schriftliche Festhalten der delegierten Aufgaben hilft Ihnen nicht nur, den Überblick zu behalten, sondern unterstützt auch die Konkretisierung des Arbeitsauftrags. Darüber hinaus bildet das schriftlich Festgehaltene die Grundlage für die Kontrolle der Arbeitsergebnisse (siehe Schritt 3).

Schritt 4: Kontrollieren Sie die Arbeitsergebnisse

Mit Delegation entlasten Sie sich nicht nur selbst, Delegation soll auch einen Lernanreiz für den Mitarbeiter haben. Zum Lernen gehören Rückmeldung, also Kontrolle, und eine Besprechung der Arbeitsergebnisse. Dies gibt dem Mitarbeiter Gelegenheit, die eigene Vorgehensweise und sein Arbeitsverhalten zu reflektieren und Verbesserungsmöglichkeiten zu erkennen. Als Führungskraft erhalten Sie einen besseren Überblick über die Kompetenzen des Mitarbeiters und über die Bereiche, in denen noch weitere Unterstützung und Qualifizierung erforderlich sind. Gleichzeitig erhalten Sie mit den Arbeitsergebnissen auch ein Feedback zu Ihrem Führungs-, Delegations- und Unterstützungsverhalten: Welche der Fehler hätten Sie durch ein anderes Vorgehen bei Ihrer Delegation verhindern können? Achten Sie auf fortlaufende Kontrolle: Die Anzahl der Rückmeldegespräche und die Zeitabstände zwischen ihnen sollten sich an Schwierigkeitsgrad, Dauer und Umfang der delegierten Aufgabenstellung orientieren.

> **Tipp**
> Erarbeitete Ergebnisse, auch Zwischenergebnisse, sollten Sie zeitnah kontrollieren. Sie stellen so zum einen sicher, dass die Aufgabenstellung wie vereinbart bearbeitet wird, und zum anderen, dass Ihr Mitarbeiter arbeitsfähig bleibt und es zu keinen Verzögerungen kommt.

Arbeitsmittel

In diesem Abschnitt und auf der CD-ROM finden Sie hilfreiche Arbeitsmittel, die Sie bei der Delegation von Aufgaben einsetzen können:

- Checkliste: So optimieren Sie Ihre Arbeit durch Delegation
- Übersicht: Welcher Mitarbeiter eignet sich für die Aufgabe?
- Übersicht: Stand der delegierten Aufgaben

In der folgenden Checkliste sind die wesentlichen Fragen zum Thema Delegation noch einmal zusammengefasst. Die Beantwortung der Fragen wird Ihnen helfen, Ihre Arbeit durch Delegation zu optimieren.

Checkliste: So optimieren Sie Ihre Arbeit durch Delegation	
Habe ich früh genug delegiert?	
Habe ich fortlaufend kontrolliert?	
Habe ich meine Unterstützung angeboten?	
Habe ich genügend Termine vereinbart?	
Habe ich Qualitäts- und Erfolgskriterien transparent gemacht?	
Habe ich alle notwendigen Informationen (Zusammenhänge, größere Ziele usw.) weitergegeben?	
Habe ich den Zugang zu allen notwendigen Ressourcen ermöglicht?	
Habe ich eine Vereinbarung getroffen, dass bei Problemen eine frühzeitige Meldung erfolgt?	
Habe ich ein Feedback gegeben?	
Habe ich genügend attraktive Aufgaben delegiert?	
Habe ich genügend anspruchsvolle Aufgaben delegiert?	
Waren die delegierten Aufgaben zu anspruchsvoll?	
Habe ich die Vorschriften für die Erledigung der Aufgabe erläutert?	
Habe ich eine Rückdelegation angenommen?	
Habe ich zwischendurch die Nerven verloren und meinem Mitarbeiter "dazwischengefunkt"?	
Habe ich die Aufgabe wirklich nur an eine Person delegiert?	
Habe ich sich verändernde Prioritäten weitergeleitet?	
Habe ich den Entscheidungsrahmen festgelegt?	

Übersicht: Welcher Mitarbeiter eignet sich für die Aufgabe?

Mithilfe der folgenden Übersicht können Sie schnell herausfinden, welcher Mitarbeiter für welche Aufgaben geeignet ist.

Aufgabe	Mitarbeiter 1	Mitarbeiter 2	Mitarbeiter 3	Mitarbeiter 4
Qualifikation				
Auslastungsgrad				
Wachstums- und Entwicklungspotenzial durch das Erledigen der Aufgabe				
Entscheidungskompetenz				

Übersicht: Stand der delegierten Aufgaben

Mit dieser Übersicht behalten Sie den Überblick, wenn Sie verschiedene Aufgaben an unterschiedliche Mitarbeiter delegiert haben.

Aufgabe	Mitarbeiter	Was läuft gut? Was ist schon erledigt?	Wo gibt es Probleme oder Verzögerungen?	Maßnahmen

12 Besprechungen effektiv leiten

Vor einer Besprechung sollten Sie sich ganz genau darüber im Klaren sein, was der eigentliche Anlass für das Meeting ist und welches Ziel Sie haben bzw. welches Ergebnis Sie erreichen wollen. Bedenken Sie an dieser Stelle nicht nur so genannte Nahziele, die am Ende der Besprechung vorliegen sollen, sondern auch Fernziele, die die Planung zukünftiger Aktivitäten mit einschließen.

Übersicht

Hier haben wir übersichtlich zusammengefasst, welche Schritte Sie im Einzelnen beachten sollten, wenn Sie eine Besprechung oder Teamsitzung vorbereiten und leiten. Anschließend finden Sie eine ausführliche Schritt-für-Schritt-Anleitung und hilfreiche Arbeitsmittel.

Übersicht: Besprechungen effektiv leiten	
Schritt 1: Die Besprechung vorbereiten	
Ort, Datum und Uhrzeit und Dauer der Besprechung festlegen	
Teilnehmer informieren und einladen	
Wer berichtet wie lange und zu welchem Thema?	
Welches Ziel besteht für ein Thema?	
Schritt 2: Den Ablauf der Besprechung strukturieren	
Info-Phase: Worum geht es?	
Zielbestimmung: Was wollen wir erreichen?	
Bearbeitung der Aufgaben und Ziele: Wie gehen wir vor?	
Festlegen eines Zeitplans für die Redebeiträge der Teilnehmer	
Zusammenfassen und schriftliches Niederlegen der Ergebnisse	
Schritt 3: Die Besprechung dokumentieren	
Lassen Sie (vom Protokollführer) ein Protokoll des Meetings erstellen.	
Halten Sie in dem Protokoll vor allem auch konkrete Ziele mit Zeitvorgaben fest und benennen Sie den jeweils zuständigen Mitarbeiter.	
Schicken Sie das Protokoll allen Teilnehmern des Meetings zu.	

Schritt 4: Einen Moderator einsetzen	
Wenn es um ein besonders wichtiges Meeting geht, sollten Sie einen Moderator einsetzen.	
Wenn das Meeting unter hohem Entscheidungsdruck steht, sollten Sie einen Moderator einsetzen, um einen effizienten Verlauf zu gewährleisten.	
Entscheiden Sie, ob Sie einem Mitarbeiter die Rolle des Moderatoren geben oder einen professionellen externen Moderatoren engagieren.	
Entscheiden Sie, welche Rechte Sie dem Moderator im Vorfeld geben.	
Schritt 5: Einen Protokollführer bestimmen	
Benennen Sie zu Beginn des Meetings einen Protokollführer.	
Wählen Sie einen Protokollführer, der auch in hektischen Situationen ruhig bleibt und den Überblick behält.	
Wählen Sie einen Protokollführer, der in der Lage ist, den verschiedenen Meinungen zu folgen und wesentliche Ergebnisse identifizieren kann.	
Schritt 6: Aufgaben an die Teilnehmer verteilen	
Was soll getan werden und mit welchem Ergebnis?	
Erstellen Sie einen Arbeitsplan: Fragen Sie sich, wer welche Aufgaben übernehmen soll.	

Anleitung

Schritt 1: Die Besprechung vorbereiten

Die Vorbereitung wird häufig zu sehr vernachlässigt, dabei hat sich immer wieder gezeigt: Der Erfolg einer Besprechung beginnt mit der Vorbereitung! Um nicht den eigentlichen Sinn der Besprechung aus den Augen zu verlieren, ist es wichtig, das Meeting gründlich vorzubereiten. Erstellen Sie einen groben Ablaufplan, in dem Sie alle wichtigen Punkte berücksichtigen und der gleichzeitig Zeit für unvorhergesehene Themen sowie neu aufkommende Besprechungspunkte lässt. Informieren Sie vorab auf jeden Fall alle Teilnehmer zu folgenden Punkten:

- Datum und Uhrzeit der Besprechung
- Ort
- Dauer

- Teilnehmer
- Wer berichtet wie lange und zu welchem Thema?
- Welches Ziel besteht für ein Thema?

Tipp

Nehmen Sie sich für eine Besprechung nur so viele Themen vor, wie Sie innerhalb der angesetzten Zeit auch wirklich schaffen können!

Es ist wichtig, die Teilnehmer rechtzeitig zu informieren, damit sich jeder noch gut vorbereiten kann. Am besten nutzen Sie hierfür ein Einladungsformular. Einmal als Vorlage erstellt, nimmt es Ihnen viel Arbeit ab.

Vorlage: Einladung zu einer Besprechung

Einladung zu einer Besprechung	
Ort	
Datum	
Uhrzeit	
Thema	
Teilnehmer	
Leitung	
Tagesordnungspunkte	

Bei der Vorbereitung ist es auch wichtig zu überlegen, welche Hilfsmittel Sie nutzen wollen und können. Bei den Hilfsmitteln geht es primär um Visualisierung. Gerade bei langen Besprechungen und komplexen Themen hilft sie, den roten Faden zu halten und ungeliebte Ausschweifungen zu vermeiden.

Schritt 2: Den Ablauf der Besprechung strukturieren

Eine Besprechung kann grundsätzlich in die fünf folgenden Phasen unterteilt werden, die Sie bereits bei der Vorbereitung Ihrer Besprechung berücksichtigen können:

1. Info-Phase: Worum geht es?

- Beschreibung des Problems/der Aufgabenstellung
- Gemeinsames Problem- und Aufgabenverständnis schaffen und dieses schriftlich festhalten

2. Zielbestimmung: Was wollen wir erreichen?

- Gemeinsames Zielverständnis schaffen
- Klare Zielfestlegung ermitteln und diese schriftlich festhalten

3. Bearbeitung der Aufgaben und Ziele: Wie gehen wir vor?

- Einigung über den Ablauf und das weitere Vorgehen
- Klärung der Spielregeln, Rollen- und Aufgabenverteilung
- Zielorientierte Sammlung und Bearbeitung von Informationen, Meinungen, Vorschlägen etc.
- Bewertung der Lösungsvorschläge
- Entscheidungsvorschläge, Prüfung und Einigung
- Entscheidungsfindung, Zielerreichung

4. Festlegen eines Zeitplans für die Redebeiträge der Teilnehmer

Es empfiehlt sich, für die Besprechung einen Zeitplan in Abstimmung mit den zu besprechenden Themen aufzustellen. Grundsätzlich sollten Sie bei Ihrer groben Zeitplanung die 60:20:20-Regel beachten und für die jeweiligen Einzelbeiträge der Teilnehmer eine Sprechzeit festlegen, die drei Minuten nicht überschreiten sollte.

Die 60:20:20-Regel besagt, wie viel Zeit Sie in einer Besprechung für die verschiedenen Phasen einplanen sollten. Dabei entfallen:

- 60 Prozent der Zeit auf Erarbeiten der Themen, Stellungnahmen der Teilnehmer, Situationsberichte aus den verschiedenen Geschäftsbereichen, eine mögliche Änderung der Tagesordnungspunkte.
- 20 Prozent der Zeit auf nicht vorhersehbare Themen, neu aufkommende Besprechungspunkte.
- 20 Prozent der Zeit auf Zwischenaktivitäten wie Pausen, Gespräche etc.

5. Zusammenfassen und schriftliches Niederlegen der Ergebnisse

- Wie informieren wir wen?
- Protokoll erstellen und Informationsweitergabe an Dritte.
- Verteilung der weiter zu bearbeitenden Aufgaben: Wer macht was bis wann? Wie erfolgt die Erfolgskontrolle? Wie können wir es schaffen, die geplanten Besprechungszeiten einzuhalten?

Schritt 3: Die Besprechung dokumentieren

Die Frage, ob ein Besprechungsprotokoll sinnvoll ist, ist immer nur mit Ja zu beantworten. Ein Protokoll dokumentiert die Ergebnisse Ihrer Besprechung. So kann in späteren Sitzungen auf dieses Protokoll zurückgegriffen werden, um zu überprüfen, ob die geplanten Maßnahmen in der Folgezeit umgesetzt wurden. Zum anderen erreicht man über ein Protokoll ein viel stärkeres Commitment der Teilnehmer mit den gemeinsam erarbeiteten Inhalten und kann die Inhalte und Ergebnisse strukturiert an Dritte kommunizieren.

Zusätzlich sollten Sie in diesem Zusammenhang nicht den Lernwert von Protokollen unterschätzen. Schließlich dokumentieren sie, wie Probleme in der Vergangenheit behandelt und welche Lösungen erarbeitet wurden. Somit haben alle Gelegenheit, aus den Vorgehensweisen der Vergangenheit für ihr weiteres Handeln in der Zukunft zu lernen.

Grundregel

Zu jeder Besprechung gehört ein Protokoll. Nur so ist zu gewährleisten, dass im nächsten Meeting überprüft werden kann, ob zu den besprochenen Themen Arbeitsfortschritte gemacht wurden und offen gebliebene Punkte gezielt thematisiert werden können, ohne bereits diskutierte Themen erneut zu erörtern.

Schritt 4: Einen Moderator einsetzen

Immer wenn Sie eine Besprechung mit mehreren Teilnehmern einberufen, ist es ratsam, einen Moderator einzusetzen, der für die Einhaltung von Struktur, Stil und Zielerreichung verantwortlich ist. Der Moderator und die von ihm genutzten Moderationstechniken tragen entscheidend zum Gelingen einer Besprechung bei und können somit die Effektivität eines Meetings deutlich steigern.

Dabei gleicht die Aufgabe des Moderators einem ständigen Balanceakt zwischen zu gezielter Steuerung der Teilnehmer und dem erforderlichen Freiraum. Um seine Aufgabe erfolgreich ausüben zu können, ist es wichtig, dass der Moderator mit klar definierten Rechten ausgestattet wird. Zu diesen Rechten zählen vor allem, dass

- der Moderator die Teilnehmer zur Ruhe auffordern darf,
- der Moderator die Teilnehmer bei Abschweifungen auf das eigentliche Thema zurückführen darf,
- der Moderator ermächtigt ist, zu lange Beiträge abzubrechen.
- Die Rolle des Moderators kann jeder übernehmen. Für Mitarbeiter kann diese Rolle gleichzeitig eine Weiterqualifizierung bedeuten.

Die Aufgaben des Moderators in einer Besprechung

Der Moderator sorgt für das gute Gelingen einer Besprechung. indem er

- auf die Einhaltung des Zeitplans achtet, was den pünktlichen Beginn, das Einhalten der Zeiten für einzelne Beiträge und die vereinbarte Schlusszeit umfasst,
- einen roten Faden vorgibt und auf dessen Einhaltung achtet,
- Klarheit über die zu bewältigenden Aufgaben schafft,
- eine Einführung zu den einzelnen Punkten der Tagesordnung gibt und alle Teilnehmer auf den gleichen Informationsstand bringt,
- alle Ergebnisse als Zwischenbilanz oder am Ende der Veranstaltung zusammenfasst,
- einen Maßnahmenkatalog (Wer macht was bis wann?) erstellt,
- alle Beiträge und Diskussionen visualisiert.

> **Tipp**
>
> Weiterführende Informationen zu den Aufgaben und Techniken eines Moderators in schwierigen Gesprächen und Konflikten finden Sie in Teil 3, Kapitel 16.

Schritt 5: Einen Protokollführer bestimmen

Hilfreich ist es, bereits zu Beginn der Besprechung einen Protokollführer zu benennen. Der Protokollführer sollte sehr sorgfältig ausgewählt werden und es sollte sich dabei immer um jemanden handeln, der auch in hektischen Situationen noch ruhig bleiben und den Überblick behalten kann. Zudem muss es eine Person sein, die sich objektiv verhält und das Gesagte wertfrei dokumentiert. Ein Protokollführer muss aber vor allem in der Lage sein, der Besprechung und den verschiedenen Gedankengängen der Teilnehmer zu folgen und dabei Wichtiges von Unwichtigem zu unterscheiden. Um alle für den Sachverhalt wichtigen Ergebnisse identifizieren zu können, muss der Protokollführer über genügend Hintergrundinformationen verfügen. Trotzdem kann bei entsprechender Kompetenz der Anwesenden auch diese Rolle unter den Besprechungsteilnehmern wechseln.

Schritt 6: Aufgaben an die Teilnehmer verteilen

Als kleine Hilfe für die Aufgabenverteilung in Besprechungen dienen die „7 W". Diese stellen sicher, dass Sie alle wichtigen Punkte berücksichtigen und Ihnen am Ende keine Angaben fehlen.

- Was soll getan werden und mit welchem Ergebnis? Klärung von Themen, Problembeschreibung, Zielfestlegung (Nah- und Fernziele)
- Wann soll die Arbeit ausgeführt bzw. das Ziel erreicht sein? Nah oder Fernziel?
- Wer übernimmt welche Aufgaben/Verantwortung? Erstellen eines Arbeitsplans
- Wie soll die Arbeit ausgeführt werden? Erstellen eines Arbeitsplans
- Wo soll die Arbeit getan werden?
- Womit soll die Arbeit getan werden?
- Warum soll die Arbeit getan werden?

Es bietet sich durchaus an, einen Maßnahmenplan zu erstellen, in dem die wichtigsten Vereinbarungen festgehalten werden. Ein solcher Plan könnte sich an der im Abschnitt „Arbeitsmittel" abgedruckten Vorlage orientieren.

Exkurs: Einsatz von Protokollen bzw. Berichten im beruflichen Alltag

Nicht nur für Besprechungen sind Protokolle sehr wichtig, auch die Dokumentation von Telefonaten, geschäftlichen Unterhaltungen, geschäftlichen E-Mails und sonstigen Besprechungen kann Sie als eine Art „Informationsbasis" bei Ihrer Arbeit unterstützen. Ihr Vorteil: Sie können jederzeit auf Gesagtes zurückgreifen und kurze Zusammenfassungen der letzten Gespräche als Einleitung nutzen und so den Gesprächseinstieg erleichtern.

Machen Sie sich bei Ihren Telefonaten Notizen und lesen Sie sich diese nach Abschluss des Telefonats noch einmal durch. Halten Sie noch ungeklärte Fragen fest und gehen Sie im nächsten Telefonat oder Gespräch auf diese ein. Legen Sie Ihre Notizen sorgfältig ab (z. B. sortiert nach Firma, Gesprächspartner, Thema) und vergessen Sie nicht Datum, Zeit und den Namen des Gesprächspartners festzuhalten.

Gesprächsnotizen

- Was war das Gesprächsthema/ die Gesprächsthemen?
- Was waren die Hauptaussagen der jeweiligen Gesprächsteilnehmer?
- Was waren die Gesprächsergebnisse?
- Habe ich meine Ziele erreicht?
- Habe ich etwas nicht verstanden?
- Wo möchte ich noch mal nachhacken?
- Was sind für meine Arbeit die essentiellen Aussagen?

Ablagemöglichkeiten

- Ordner auf dem PC
- Gesprächsmappen anlegen

In einem Protokoll sollten sich in aller Regel einige formale Angaben, der eigentliche Protokolltext und, wenn erforderlich, einige ergänzende Angaben wieder finden.

Zu den formalen Angaben gehören Informationen zu:

- Unternehmen/Abteilung
- Besprechungsort/Datum/Zeit/Dauer
- Teilnehmer/Verteiler („Zur Information an …")
- Thema/Ziel der Besprechung

Der Protokolltext sollte enthalten:

- alle behandelten Themen
- Beiträge/Präsentationen etc. Einzelner
- Besprechungsverlauf
- Ergebnisse je Thema (Wer tut was bis wann?)
- Maßnahmenplanung

Unter den ergänzenden Angaben können die nachfolgend genannten Informationen aufgeführt werden:

- Angaben zum Besprechungsleiter
- Beilagen (z. B. statistische Daten)
- offen gebliebene Punkte
- Termin der nächsten Zusammenkunft
- Unterschrift des Protokollführers

Es empfiehlt sich immer, ein Protokoll nach Sinnabschnitten zu gliedern. Um eine gewisse Übersichtlichkeit zu wahren, sollten Sie Orientierungshilfen wie Ziffern, Absätze und Unterstreichungen verwenden. Besondere Aufmerksamkeit sollten Sie der Formulierung von klaren und kurzen Sätzen zukommen lassen.

Im Abschnitt „Arbeitsmittel" und auf CD-ROM finden Sie eine Vorlage für ein Ergebnisprotokoll.

8 typische Fehler in Besprechungen

In vielen Besprechungen tauchen einige der nachfolgend aufgeführten Fehler auf, die ihre Effektivität deutlich beeinträchtigen können. Dabei ist die Vermeidung dieser Fehler meist gar nicht so schwierig.

Fehler 1: Es gibt keine klare Zielsetzung für die Besprechung

Die Ziele für eine Besprechung sollten immer vor Beginn der Veranstaltung – sprich: bereits in der Planung – festgelegt werden. Ist dies der Fall, wird in der eigentlichen Besprechung nur noch über das Wie der Zielerreichung diskutiert und nicht mehr über das Ob!

Fehler 2: Die relevanten Leute nehmen nicht teil

Der Erfolg einer Besprechung richtet sich unter anderem nach den beteiligten Personen. Aus diesem Grund ist es ratsam, im Vorfeld darüber zu entscheiden, wer für das Meeting wirklich wichtig ist und gebraucht wird und dementsprechend eingeladen werden muss. Nehmen die eingeladenen Mitarbeiter nicht an der Besprechung teil oder schicken sie eine Vertretung, dann müssen sie sich im Klaren darüber sein, dass Entscheidungen und Maßnahmen, die während der Besprechung getroffen wurden, auch für Abwesende gelten und nicht rückgängig gemacht werden.

Fehler 3: Es ist kein Moderator vorhanden

Setzten Sie in Besprechungen mit mehreren Teilnehmern immer einen Moderator ein, der die Leitung des Meetings übernimmt. Sie sollten nicht unbedingt selbst in die Rolle des Moderators schlüpfen, damit Sie in der Besprechung als „normaler" Teilnehmer integriert sind. Die Rolle des Moderators kann – wie gesagt – im Wechsel von allen Beteiligten übernommen werden.

Fehler 4: Es gibt keine klaren Regeln für die Besprechung

Definieren Sie im Unternehmen oder für Ihren Einflussbereich einheitliche Regeln für Besprechungen und achten Sie darauf, dass diese konsequent eingehalten werden.

Fehler 5: Es wird keine Diskussionszeit festgelegt

Jedem Diskussionspunkt auf der Tagesordnung wird eine genau definierte Zeitspanne zugeordnet. Ist die Diskussionszeit für diesen Punkt vorbei, wird das Thema ohne Wenn und Aber abgebrochen und die Diskussion wendet sich dem nächsten Punkt zu. Mit einiger Übung werden sich die Teilnehmer an diese Praktik gewöhnen und ihre jeweilige Redezeit dementsprechend einschränken.

Fehler 6: Die betroffene Zielgruppe wird nicht angehört

Ein schwerwiegender Fehler in Besprechungen, der aber immer wieder gemacht wird, ist, dass die Zielgruppe, für deren spezifisches Problem Lösungen ermittelt werden sollen, nicht befragt wird. Es wird also keine wirkliche Bedarfsanalyse durchgeführt. Besser und richtig ist es, bereits im Vorfeld der Besprechung Informationen zu dem Problem zu sammeln und evtl. bereits eine Managemententscheidung in Bezug auf das „Ob" der Problemlösung zu erwirken. Das „Wie" der Problemlösung sollte dann das Thema einer Besprechung sein

Fehler 7: Jeder darf uneingeschränkt reden

Oft kommt es vor, dass Teilnehmer nur um des Redens willen reden und nicht, um etwas Konstruktives zur Problemlösung beizutragen. Das kann dazu führen, dass der Komplexitätsgrad des Themas so aufgebauscht wird, dass alle Klarheiten beseitigt werden und die Anwesenden keine Lösung mehr erwirken können.

Fehler 8: Es wird kein Protokoll geführt

Zu jeder Besprechung gehört ein Protokoll, das in der nächsten Veranstaltung gewährleistet, dass

- eine Überprüfung der Arbeitsfortschritte erfolgen kann,
- noch offene Punkte identifiziert werden können.

Arbeitsmittel

In diesem Abschnitt und auf der CD-ROM finden Sie hilfreiche Arbeitsmittel, die Sie in Besprechungen einsetzen können.

- Checkliste: Eine Besprechung vorbereiten
- Checkliste: Ist der Einsatz von Medien sinnvoll?
- Vorlage: Maßnahmenplan (Blanko-Formular)
- Vorlage: Ergebnisprotokoll einer Besprechung (Blanko-Formular)

Im Vorfeld einer Besprechung sollten Sie die folgenden Fragen im Hinblick auf einen positiven Verlauf der Besprechung und der angestrebten Zielerreichung beantworten.

Checkliste: Eine Besprechung vorbereiten	
Was ist das Ziel, der Anlass der Besprechung? Welches Ergebnis soll erreicht werden?	
Welche Aktivitäten/Arbeiten sind hierzu erforderlich?	
Wer muss informiert/eingeladen werden? Welche Fragen, Einwände sind zu erwarten?	
Wer wird welche Position vertreten? Worauf muss ich mich vorbereiten?	
Wer muss für eine effiziente Aufgabenerledigung eingeladen werden?	
Wer verfügt über welche benötigten Kompetenzen/ welches Wissen/welche Informationen?	
Wer kann welche Aufgaben übernehmen? Wer kann welche Verantwortung übernehmen?	
Welche organisatorischen Vorbereitungen müssen getroffen werden (Raum, Einladung, Material etc.)?	

Checkliste: Ist der Einsatz von Medien sinnvoll?	
Gibt es Inhalte, deren Verständnis durch Visualisierung erleichtert wird?	
Ist es für den weiteren Gesprächsverlauf hilfreich oder notwendig, verschiedene bereits erarbeitete Punkte auf einen Blick sehen zu können?	
Kann Visualisierung helfen, den roten Faden hervorzuheben bzw. ihn nicht zu verlieren?	
Legt die Länge der Besprechung (Ermüdung) das Einschieben von Beispielen per Bild oder Video nahe?	

Vorlage: Ergebnisprotokoll einer Besprechung

Besprechung am: Anlass:	
Anwesende:	
Ort/Zeit:	
Protokoll durch	
Zur Information an:	
Thema/Ziel der Besprechung	
1. Themen	
2. Punkte/Inhalte	
3. Maßnahmen	
4. Nächste Termine/Aktivitäten	

Vorlage: Maßnahmenplan

Was?	Wer?	Bis wann?	Mit wem?	An wen wird berichtet?

13 Feedbackgespräche führen

Feedback heißt, Rückmeldung über die eigenen Leistungen und das eigene Verhalten zu bekommen. Mitarbeiter wollen und müssen für ihre erbrachte Leistung und Anstrengung wahrgenommen und entsprechend gewürdigt werden. Feedback ist eine zentrale Führungsaufgabe, die dem Mitarbeiter verdeutlicht, dass seine Leistungen anerkannt werden. Um Ihren Mitarbeitern ein wirkungsvolles Feedback geben zu können, sollten Sie genaue Kenntnis über die nachfolgenden Aspekte haben:

1. das genaue Tätigkeitsfeld und die Aufgaben des Mitarbeiters,
2. inwieweit das Leistungsniveau des Mitarbeiters bereits ausgeschöpft ist oder noch Potenziale vorhanden sind,
3. welche Motive den Mitarbeiter bewegen, damit Sie bei möglichen Richtungskorrekturen die Motivation des Mitarbeiters nicht in Demotivation verwandeln,
4. ob es sich bei gegebenen Abweichungen um ein Problem des Könnens oder des Wollens handelt, denn je nachdem sind unterschiedliche Feedbackvorgehensweisen und verschiedene sich anschließende Maßnahmen angebracht.

Übersicht

Hier haben wir übersichtlich zusammengefasst, welche Schritte Sie im Einzelnen beachten müssen, wenn Sie ein Feedbackgespräch mit Ihrem Mitarbeiter führen. Anschließend finden Sie eine ausführliche Schritt-für-Schritt-Anleitung und hilfreiche Arbeitsmittel.

Übersicht: Ein Feedbackgespräch führen	
Schritt 1: Einladung zum Feedbackgespräch	
Abstimmen des Gesprächstermins	
Auswahl und Reservierung eines ruhigen Raumes	
Festlegen der Gesprächsziele	
Die einzelnen Gesprächsphasen vorbereiten	

Schritt 2: Dem Mitarbeiter Feedback geben	
Bereiten Sie sich inhaltlich auf das Feedback vor: Wollen Sie ein eher positives oder negatives Feedback geben?	
Was wollen Sie mit dem (positiven oder negativen) Feedback bei dem Mitarbeiter bewirken?	
Eine Checkliste auf der CD-ROM hilft Ihnen, das Feedback angemessen und wirkungsvoll zu formulieren.	
Schritt 3: Das Feedbackgespräch dokumentieren	
Halten Sie die Ergebnisse des Feedbackgesprächs schriftlich fest.	
Lassen Sie die Ergebnisse des Gesprächs ggf. von Ihrem Mitarbeiter unterschreiben.	

Anleitung

Feedbackgespräche haben das Ziel, dass Sie als Führungskraft Ihrem Mitarbeiter Rückmeldung darüber geben, was in der letzten Zeit gut und was weniger gut gelaufen ist. Im Grunde geht es darum abzugleichen, wo Sie gemeinsam mit Ihrem Mitarbeiter im Prozess stehen. Ein Feedbackgespräch mit Ihrem Mitarbeiter ist für Sie recht angenehm und relativ einfach, solange Sie Positives zu sagen haben. Geht es in einem Gespräch um kritisches Feedback, wird es schon schwieriger. Dennoch sollten Sie sich nicht davor drücken. Wenn Sie offen und sensibel für Ihr Gegenüber bleiben und einige wenige Regeln beachten, werden Sie und Ihre Mitarbeiter sehr von den Gesprächen profitieren.

Schritt 1: Einladung zum Feedbackgespräch

Laden Sie Ihren Mitarbeiter zu einem ausführlichen Feedbackgespräch ein. Es gelten in diesem Gespräch die gleichen grundlegenden Regeln der Gesprächsvorbereitung, Durchführung und Nachbereitung wie für andere Gespräche mit Mitarbeitern auch. Nähere Informationen finden Sie in Teil 3, Kapitel 5.

Schritt 2: Dem Mitarbeiter Feedback geben

Grundsätzlich gibt es zwei Arten von Feedback. Sie können entweder mit positiver oder mit negativer Verstärkung arbeiten. Sie verwenden im Rahmen des positiven Feedbacks Lob, Anerkennung und Incentivierung, wohingegen Sie bei der Anwendung negativen Feedbacks mehr Kritik, Missfallensbekundungen, Untersagungen und Sanktionen gebrauchen sollten. Egal welche

Form von Feedback Sie verwenden, achten Sie unbedingt darauf, es angemessen anzubringen.

Nachfolgend finden Sie die einzelnen Feedbackmethoden so angeordnet, dass sie deren zunehmende Bedeutung für die Mitarbeiter widerspiegeln. Zudem zeigt die gewählte Reihenfolge gleichzeitig auch die zunehmende Intensität der einzelnen Methoden.

Positives Feedback/Verstärkung

Stufe 1   Das Lob für ein Verhalten oder eine Leistung. Diese Art von Feedback zeigt dem Mitarbeiter, dass seine Anstrengungen oder auch die Ergebnisse seiner Bemühungen sichtbar sind, wahrgenommen und für gut gehalten werden.

Stufe 2   Die Steigerung des Lobs ist die Anerkennung. Anerkennung geht über das Einzelthema hinaus und bezieht die Person des Mitarbeiters – soweit es das Arbeitsverhalten betrifft – in ihrer Gesamtheit mit in das Lob ein; d. h. es wird die Wirksamkeit des Leistungsverhaltens der jeweiligen Person für das Vorankommen des Bereichs oder der Abteilung gewürdigt.

Stufe 3   Die wirksamste Form der Verstärkung ist die Incentivierung. Das bedeutet, Sie stellen Ihrem Mitarbeiter positive Konsequenzen in Aussicht, wenn das bisher gezeigte Verhalten in entsprechender Art weiter aufrechterhalten wird. Dabei muss diese Incentivierung nicht notwendigerweise monetär sein. Auch Anerkennung, neuen Lernmöglichkeiten oder Aufstieg in eine bessere Position können positive Konsequenzen sein.

Negatives Feedback/Bestrafung

Stufe 1   Die schwächste Form des negativen Feedbacks ist die Kritik. Hier wird sachlich am Verhalten oder am Ergebnis der Leistung Kritik geübt, d. h. ein Vergleich mit einem definierten Soll-Maßstab vorgenommen.

Stufe 2   Die Steigerungsform der Kritik ist das Missfallen. Hier beziehen Sie in Ihre Kritik auch arbeitsbezogene Einstellungen und Verhaltensaspekte des Mitarbeiters mit ein.

Stufe 3   Auf der nächsten Ebene geht es um Untersagung. Das Verhalten oder das Vorgehen des Mitarbeiters soll so nicht noch einmal stattfinden, da es definierten Leistungs- oder Verhaltenskriterien eindeutig widerpricht.

Stufe 4   Die Steigerungsform der Untersagung ist die Androhung von Sanktionen. Damit verdeutlichen Sie Ihrem Mitarbeiter Konsequenzen für den Fall, dass das kritisierte Verhalten noch einmal auftritt.

Schritt 3: Das Feedbackgespräch dokumentieren

Im Anschluss an das Feedbackgespräch sollten Sie die Ergebnisse des Gesprächs schriftlich festhalten und von Ihrem Mitarbeiter unterschreiben lassen. Das Gesprächsprotokoll nehmen Sie wieder zur Hand, wenn Sie sich auf das nächste Gespräch mit (diesem) Mitarbeiter vorbereiten.

Einen Leitfaden für die Dokumentation eines Feedbackgesprächs finden Sie auf der CD-ROM.

Arbeitsmittel

Die folgende Checkliste gibt Ihnen Hinweise, wie Sie Ihr (positives oder negatives) Feedback formulieren und worauf Sie in einem Feedbackgespräch besonders achten sollten.

Checkliste: So geben Sie Ihrem Mitarbeiter Feedback	
Formulieren Sie Ihr Feedback so, wie Sie es selbst auch nachvollziehen und akzeptieren könnten.	
Verwenden Sie konkrete Beispiele aus der täglichen Zusammenarbeit (wo/wann haben Sie das gelobte oder kritisierte Verhalten beobachtet?).	
Setzen Sie ihr Feedback in Bezug zu Position und Aufgabe des Mitarbeiters (Erwartungen an die Stelle, Verhaltensmuster, formale Anforderungen etc.).	
Formulieren Sie das Feedback konkret, sachlich und realistisch.	
Sprechen Sie die Dinge, die Ihnen wichtig sind, ohne Umwege an – weder bei guten noch bei schlechten Leistungen.	
Übertreiben Sie weder Kritik noch Lob – sonst wirken Sie unglaubwürdig.	
Verwenden Sie Ich-Botschaften und machen Sie deutlich, dass es sich um eine persönliche Wahrnehmung von Ihnen handelt. (Beispiel: „Ich habe den Eindruck gewonnen, dass ...")	
Beschreiben Sie zunächst Ihre Wahrnehmung der Situation, ohne sie zu bewerten. Bevor Sie bewerten, sollten Sie erst die Einschätzung des Mitarbeiters hören.	
Machen Sie deutlich, dass sich das Feedback immer auf ein bestimmtes Verhalten bezieht und nicht die ganze Person meint.	
Betonen Sie, dass es bei einem negativen Feedback um die gemeinsame Suche nach Verbesserung geht.	
Auch bei positivem Feedback, sollten Sie fragen „Wie können wir es noch besser machen?"	

Schwierige Mitarbeitergespräche führen

Lesen Sie hier, wie Sie

- Kritik mitteilen,
- Fehlzeiten ansprechen,
- Konflikte professionell moderieren,
- Abmahnungsgespräche und
- Kündigungsgespräche führen,

14 Ein Kritikgespräch führen

Wenn Sie bei Ihren Mitarbeitern Wachstum und Leistungssteigerung erreichen wollen, um die Leistungsziele Ihres Bereichs zu erfüllen, dürfen Sie nicht nur deutlich machen, dass Sie die guten Leistungen sehen. Sie müssen auch aufzeigen, dass Sie unzureichende Leistungen ebenfalls bemerken und diese nicht dauerhaft akzeptieren. In diesem Fall ist es Ihre Aufgabe, konstruktives kritisches Feedback zu geben. Konstruktive Kritik bietet dem Mitarbeiter die Chance, sich positiv weiterzuentwickeln. Ein Kritikgespräch in unserem Sinne ist mehr ein Entwicklungs- oder Fördergespräch auf der Basis einer Ergebnis-Ursachen-Maßnahmen-Analyse.

Sie sollten Kritikgespräche immer mit der Zielsetzung führen,

- konkrete Missstände anzusprechen,
- Verständnis für die nicht ausreichende oder fehlerhafte Leistung sowie für Fehlerverhalten bei dem Mitarbeiter zu erzeugen,
- Motivation zur Verbesserung des aktuellen Zustands zu erreichen,
- eine Aussprache über und eine Klärung unterschiedlicher Wertvorstellung zu ermöglichen,
- die Beziehung zu verbessern.

Achtung

Unterlassene Kritikgespräche schaden Ihnen als Führungskraft. Die ausbleibende Reaktion auf ein Fehlverhalten eines Mitarbeiters macht Sie als Führungskraft unglaubwürdig, sowohl bei Vorgesetzten als auch bei Kollegen und Mitarbeitern.

Übersicht

Auf der folgenden Seite haben wir übersichtlich zusammengefasst, welche Schritte Sie im Einzelnen beachten müssen, wenn Sie ein Kritikgespräch führen. Anschließend finden Sie eine ausführliche Schritt-für-Schritt-Anleitung und hilfreiche Arbeitsmittel.

Übersicht: Ein Kritikgespräch führen	
Schritt 1: Ein Kritikgespräch vorbereiten	
Abstimmen des Gesprächstermins	
Auswahl und Reservierung eines ruhigen Raumes	
Festlegen der Gesprächsziele	
Die einzelnen Gesprächsphasen vorbereiten	
Beantworten Sie für die inhaltliche Vorbereitung die Fragen der Checkliste (siehe CD-ROM).	
Schritt 2: Ein Kritikgespräch führen	
Verweisen Sie zu Beginn des Gesprächs auf das gemeinsame Interesse, Fehler zu vermeiden.	
Beantworten Sie gemeinsam mit dem Mitarbeiter folgende Fragen:	
Welche Probleme liegen vor?	
Wie schätzt der Mitarbeiter die Situation (Leistung, Verhalten) ein?	
Warum liegen diese Probleme vor? Wie ist es dazu gekommen? (Ursachen)	
Welche Ursachen und Entwicklungen sieht der Mitarbeiter?	
An welchem Punkt hätte der Mitarbeiter welche Unterstützung gebraucht?	
Schritt 3: Sanktionen richtig einsetzen	
Prüfen Sie, ob ein Problem des Wollens (Motivation) oder Könnens (Qualifikation) vorliegt.	
Wenn der Mitarbeiter nicht ausreichend qualifiziert ist, sind Sanktionen unangebracht.	
Wenn der Mitarbeiter nicht motiviert ist, müssen Sie die Ursachen für die Demotivation herausfinden.	
Schritt 4: Gesprächsabschluss	
Wie lassen sich in Zukunft diese oder ähnliche Probleme vermeiden?	
Was wird wer bis wann tun, um das Problem zu beheben?	
Hat der Mitarbeiter die Maßnahmen bzw. Verbesserungsvorschläge richtig verstanden?	
Halten sie die Ergebnisse des Kritikgesprächs schriftlich fest.	
Vereinbaren Sie einen Termin für ein nächstes Mitarbeitergespräch.	

Anleitung

Schritt 1: Ein Kritikgespräch vorbereiten

Für Kritikgespräche gilt wie für alle anderen Gespräche auch: Gehen Sie niemals unvorbereitet in das Gespräch. Vorbereitung heißt in diesem Fall nicht nur, das unzureichende Verhalten des Mitarbeiters genau zu hinterfragen, sondern auch das eigene Verhalten kritisch unter die Lupe zu nehmen. Versuchen Sie besonders bei schwerwiegenden Vorfällen zu klären, wer welchen Anteil an dem Fehlverhalten hat. Auf der CD-ROM und im Abschnitt „Arbeitsmittel" finden Sie dafür eine passende Checkliste.

Schritt 2: Ein Kritikgespräch führen

Eröffnen Sie das Kritikgespräch, indem Sie auf das gemeinsame Interesse verweisen, Fehler zu vermeiden. Beantworten Sie anschließend gemeinsam mit dem Mitarbeiter die Fragen aus der Checkliste.

Schritt 3: Sanktionen richtig einsetzen

Sehen Sie keine andere Möglichkeit mehr, als Sanktionen einzusetzen, müssen Sie unbedingt prüfen, ob es sich bei Ihrem Mitarbeiter um ein Problem des Wollens (Motivation) oder des Könnens (Qualifikation) handelt. Ist es eine Frage des Könnens, machen Sanktionen keinen Sinn, denn die Qualifikation Ihres Mitarbeiters verbessert sich durch Sanktionsmaßnahmen nicht im Geringsten. Liegt allerdings eine Frage des Wollens vor, sollten Sie herausfinden, was die Ursache der Leistungsabweichung bzw. der Leistungsverweigerung ist, und dementsprechend reagieren. Ursachen für Leistungsabweichungen können in allen möglichen Lebensbereichen Ihres Mitarbeiters liegen und sowohl das familiäre als auch das private oder persönliche Umfeld betreffen. Bei privaten bzw. persönlichen Ursachen für eine Leistungsabweichung ist besonders viel Sensibilität und Diplomatie Ihrerseits gefragt.

Wie gehen Sie vor, wenn der Mitarbeiter nachlässig arbeitet?

Nachlässigkeiten sind verzeihbar, bedürfen aber des Feedbacks. Sie als Führungskraft müssen eine Botschaft aussenden: „Ich habe gesehen und wahrgenommen, dass Sie nicht vollständig bei der Sache sind, und ich bin nicht bereit, das langfristig zu dulden." Ihr Ziel muss es sein, das Problembewusstsein des Mitarbeiters zu erhöhen. Im Wiederholungsfall müssen Sie Maßnahmen zur Konzentrationssteigerung einsetzen. Dies kann durch Planung, Strukturierung, Automatisierung oder Standardisierung von Abläufen sowie durch die Reduktion ablenkender Faktoren geschehen.

Wie gehen Sie vor, wenn der Mitarbeiter fahrlässig handelt?

Bei fahrlässigem Verhalten des Mitarbeiters wurde mit grober Unaufmerksamkeit gehandelt oder gegen bekannte Regeln verstoßen. Hier müssen Sie sanktionieren, und zwar durch deutliche Kritik, im Wiederholungsfall auch mit Andeutung von Konsequenzen. Das Ziel ist hier, das entsprechende Verhalten sofort und nachhaltig abzustellen.

Wie gehen Sie vor, wenn der Mitarbeiter vorsätzlich gegen bekannte Regeln verstößt?

Im Falle des Vorsatzes verhält sich der Mitarbeiter bewusst entgegen den bekannten Regeln. Dies erfordert eine sofortige Sanktion, ggf. mit Öffentlichkeitswirksamkeit, als Abschreckungsmaßnahme. Je nach Schwere des Vergehens sollten Sie es bei einem Verweis oder einer Abmahnung belassen. Es kann aber durchaus auch Schweregrade geben, die eine sofortige Kündigung des Mitarbeiters erfordern.

Tipp

Wenn Sie Sanktionen verhängen, dann sollten Sie dafür sorgen, dass andere Führungskräfte in Ihrem Umfeld in dieselbe Richtung argumentieren, sonst entsteht der Eindruck von Ungerechtigkeit und Willkür. Stimmen Sie also mit den anderen Führungskräften ab, wie im Fall einer Sanktion vorgegangen und kooperiert werden soll, um dem sanktionierten Mitarbeiter ein einheitliches Verhalten zu bieten.

Arbeitsmittel

In diesem Abschnitt und auf der CD-ROM finden Sie 2 Checklisten, die Sie in Ihren Mitarbeitergesprächen einsetzen können.

- Checkliste: Vorbereitung eines Kritikgesprächs
- Checkliste: Durchführung eines Kritikgesprächs

Checkliste: Vorbereitung des Kritikgesprächs	
Was ist der Anlass der Kritik (Leistung, Fehler, Verhalten)?	
Welche Belege/Beweise habe ich für meine Kritik?	
Wie lauten die zu erfüllenden Anforderungen?	
Welche Anforderungen wurden nicht erfüllt?	
Was äußere ich in meiner Kritik?	
Was kann und muss geändert werden?	
Welche Maßnahmen halte ich hier für geeignet?	
Was ist meine Gesprächsstrategie?	
Wie werde ich formulieren, fragen und argumentieren?	

Checkliste: Durchführung des Kritikgesprächs	
Welche Probleme liegen vor?	
Wie schätzt der Mitarbeiter die Situation (Leistung, Verhalten) ein?	
Warum liegen diese Probleme vor? Wie ist es dazu gekommen? (Ursachen)	
Welche Ursachen und Entwicklungen sieht der Mitarbeiter?	
An welchem Punkt hätte der Mitarbeiter welche Unterstützung gebraucht?	
Wie lassen sich in Zukunft diese oder ähnliche Probleme vermeiden?	
Was wird wer bis wann tun, um das Problem zu beheben?	
Hat der Mitarbeiter die Maßnahmen bzw. Verbesserungsvorschläge richtig verstanden?	
Halten sie die Ergebnisse des Kritikgesprächs schriftlich fest.	
Vereinbaren Sie einen Termin für ein nächstes Mitarbeitergespräch.	

15 Das Fehlzeitengespräch

Was ist für Sie zu tun, wenn Mitarbeiter wiederholt und langfristig nicht an seinem Arbeitsplatz erscheinen? Wichtig ist, dass Sie frühzeitig und konsequent handeln, um betriebliche Prozesse und Ergebnisse nicht zu beeinträchtigen. Was Sie allerdings nicht vergessen sollten: Fehlzeiten von Mitarbeitern können die unterschiedlichsten Gründe haben: private, berufliche oder motivationale. In einem Fehlzeitengespräch geht es darum, gemeinsam mit dem Mitarbeiter herauszufinden, um welche dieser Gründe es sich handelt und wie die Fehlzeiten reduziert werden können. Es gilt als erwiesen, dass ein großer Teil krankheitsbedingter Fehlzeiten der Mitarbeiter auf mangelnde Motivation zurückgeführt werden kann. Das Ziel solcher Gespräche besteht somit darin, die Mitarbeiterzufriedenheit zu steigern, somit eine Reduzierung von krankheitsbedingten Fehltagen zu erreichen und die damit verbundenen Kosten zu senken.

Übersicht

Hier haben wir übersichtlich zusammengefasst, welche Schritte Sie im Einzelnen beachten müssen, wenn Sie ein Fehlzeitengespräch führen. Anschließend finden Sie eine ausführliche Schritt-für-Schritt-Anleitung und hilfreiche Arbeitsmittel. Die Übersicht ebenso wie die folgende Anleitung beziehen sich auf ein Fehlzeitengespräch, das aufgrund mangelnder Motivation des Mitarbeiters geführt wird. Selbstverständlich müssen Sie im Fall von z. B. krankheitsbedingten Fehlzeiten Ihre Gesprächsführung entsprechend anpassen.

CD-ROM

Übersicht: Ein Fehlzeitengespräch führen	
Schritt 1: Vorbereitung des Fehlzeitengesprächs	
Lesen Sie die Personalakte Ihres Mitarbeiters.	
Überlegen Sie bereits im Vorfeld, wodurch die Fehlzeiten verursacht worden sind (z. B. Krankheit, familiäre Umstände, mangelnde Motivation).	
Abstimmen des Gesprächstermins	

Auswahl und Reservierung eines ruhigen Raumes	
Festlegen des Gesprächsziels (abhängig von der Ursachen für die Fehlzeiten)	
Vorbereitung der einzelnen Gesprächsphasen	
Vorbereitung auf mögliche Störungen im Gesprächsablauf (z. B. für den Fall, dass der Mitarbeiter die Fehlzeiten einfach leugnet).	
Schritt 2: Durchführung des Fehlzeitengesprächs	
Achtung: Eröffnen Sie das Gespräch nicht mit einem Vorwurf gegen den Mitarbeiter, sondern beginnen Sie in einem freundlich-sachlichen Ton!	
Sprechen Sie das Fehlzeitenproblem sachlich und ohne Umschweife an.	
Belegen Sie den problematischen Sachverhalt mit konkreten Beispielen.	
Fordern Sie Ihren Mitarbeiter zu einer ersten Stellungnahme auf.	
Weisen Sie den Mitarbeiter deutlich auf die Konsequenzen seines Fehlverhaltens.	
Bitten Sie den Mitarbeiter erneut um eine Stellungnahme, um festzustellen, ob Ihre Warnung auch angekommen ist.	
Gehen Sie sachlich auf mögliche Einwände des Mitarbeiters ein.	
Treffen Sie eine verbindliche Vereinbarung mit dem Mitarbeiter bezüglich der Fehlzeiten.	
Fassen Sie die Ziele des Gesprächs zusammen.	
Vereinbaren Sie ggf. einen Termin für ein zweites Gespräch, um die Zielerreichung zu kontrollieren (in 4 bis 6 Wochen).	
Beenden Sie das Gespräch freundlich und bedanken Sie sich für das offene Gespräch.	
Schritt 3: Gesprächsziele kontrollieren	
Prüfen Sie in den kommenden Wochen nach dem Fehlzeitengespräch, ob eine Verhaltensänderung des Mitarbeiters eingetreten ist.	
Führen Sie in 4 bis 6 Wochen erneut ein Mitarbeitergespräch.	

Anleitung

Schritt 1: Vorbereitung des Fehlzeitengesprächs

Bevor Sie das Fehlzeitengespräch führen, sollten Sie die Personalakte Ihres Mitarbeiters lesen und versuchen, die Ursache für die Fehlzeiten herauszufinden. Fehlzeiten können vor allem drei Ursachen haben:

- Fehlzeiten aufgrund von (psychischer oder physischer) Krankheit
- Fehlzeiten aufgrund familiärer Umstände (z. B. Trennung, Erkrankung des Partners oder Kindes)
- Fehlzeiten aufgrund mangelnder Motivation

Wenn Ihr Mitarbeiter nach längerer Krankheit wieder seine Arbeit im Unternehmen aufnimmt, geht es darum, ihn willkommen zu heißen und eine entsprechend vertrauensvolle Gesprächsatmosphäre zu schaffen. In diesem Fall handelt es sich um ein Rückkehrgespräch, auf das im Folgenden nicht weiter eingegangen werden soll.

Wenn Sie dagegen den Eindruck haben, dass Ihr Mitarbeiter „krankfeiert", also mangelnde Motivation die (mutmaßliche) Ursache für die Fehlzeiten sind, müssen Sie deutliche Worte für das Fehlverhalten für den Mitarbeiter finden und ihm auch mögliche Konsequenzen seines Verhaltens aufzeigen.

Unabhängig von den Ursachen für die Fehlzeiten Ihres Mitarbeiters sollten Sie die Ziele des Fehlzeitengesprächs vorab konkret definieren. Dabei ist es sinnvoll, ein Muss-Ziel festzulegen, dass im Gespräch auf jeden Fall erreicht werden soll.

Zu der Vorbereitung eines Fehlzeitengesprächs gehört auch die Überlegung, wie Sie mit möglichen Hindernissen im Gespräch umgehen wollen: Wie reagieren Sie, wenn Ihr Mitarbeiter sich uneinsichtig zeigt oder den Sachverhalt der Fehlzeiten einfach leugnet?

Neben der inhaltlichen Vorbereitung gehört auch der organisatorische Rahmen des Gesprächs zu Ihren Aufgaben: Laden Sie Ihren Mitarbeiter frühzeitig und mit freundlichen Worten zu dem Gespräch ein. Überlegen Sie, zu welcher Tageszeit das Gespräch stattfinden sollte. Reservieren Sie einen ruhigen Raum und vermeiden Sie Störungen während des Gesprächs.

Schritt 2: Durchführung des Fehlzeitengesprächs

Den größten Fehler, den Sie machen können, ist, ein Fehlzeitengespräch mit einem Vorwurf zu beginnen. Sie können davon ausgehen, dass der Mitarbeiter ohnehin mit gemischten Gefühlen in dieses Gespräch geht, wenn Sie ihn nun noch in die Ecke drängen, werden Sie auf keinen gemeinsamen Nenner kommen.

Es kann Ihnen aber auch passieren, dass der Mitarbeiter auf stur stellt und sich unwillig zeigt, das Fehlzeitenproblem kooperativ zu lösen. Zeigen Sie Ihrem Mitarbeiter seine Möglichkeiten auf, unterstreichen Sie aber auch Ihre Wünsche an ihn.

Zu Beginn des Fehlzeitengesprächs sollten Sie deutlich und ohne Umschweife den Zweck des Gesprächs benennen. Nachdem Sie die Fehlstundenproblematik näher ausgeführt und mit Fakten belegt haben, fordern Sie Ihren Mitarbeiter zu einer Stellungnahme auf („Wie sehen Sie das?"). Wenn Ihr Mitarbeiter Einwände vorbringt, sollten Sie diese auch ernst nehmen und in Ihre Argumentation einbinden. Denken Sie daran, am Ende des Gesprächs die Ergebnisse zusammenzufassen und Gesprächsziele zu definieren. Darüber hinaus bietet es sich an, einen weiteren Gesprächstermin in 4 bis 6 Wochen anzusetzen, um die Ziele zu kontrollieren.

Bedanken Sie sich zum Schluss für das offene Gespräch. Auch wenn es während des Gesprächs zu Verstimmungen kam, sollten Sie den Gesprächsabschluss freundlich und zuversichtlich gestalten.

Im Anschluss an diese Anleitung und auf der CD-ROM finden Sie einen Leitfaden für ein Fehlzeitengespräch.

Schritt 3: Gesprächsziele kontrollieren

In vier bis sechs Wochen sollten Sie Ihren Mitarbeiter erneut zu einem Gespräch einladen, um die Gesprächsziele zu überprüfen.

Wenn die (motivationsbedingten) Fehlzeiten weiterhin auftreten, müssen Sie Ihren Mitarbeiter eindeutig auf die Konsequenzen seines Verhaltens aufmerksam machen. In diesem Fall wäre gegebenenfalls eine schriftliche Abmahnung angezeigt (vgl. Teil 3, Kapitel 17).

Arbeitsmittel

In diesem Abschnitt und auf der CD-ROM finden Sie einen Gesprächsleitfaden, den Sie für die Vorbereitung und Durchführung eines Fehlzeitengesprächs einsetzen können. Der Gesprächsleitfaden eignet sich für ein Fehlzeitenge-spräch, das aufgrund mangelnder Motivation des Mitarbeiters nötig wurde. Wenn die Fehlzeitenproblematik durch Krankheiten oder familiäre Umstände entstanden ist, müssen Sie diesen Gesprächsleitfaden entsprechend anpassen.

CD-ROM

Gesprächsleitfaden: Fehlzeitengespräch	
Vorbereitung: Sorgen Sie für eine angenehme Gesprächsatmosphäre und ausreichend störungsfreie Gesprächszeit.	
Gesprächseröffnung	
1.	Sprechen Sie das Fehlzeitenproblem sachlich und ohne Um-schweife an.
2.	Binden Sie Ihren Mitarbeiter aktiv in das Gespräch ein und for-dern Sie ihn zu einer ersten Stellungnahme auf.
Hauptteil des Gesprächs	
3.	Erläutern Sie die Konsequenzen, die sich aus den Fehlzeiten er-geben. (Möglicherweise sind andere Mitarbeiter betroffen, die die liegen gebliebene Arbeit erledigen müssen.)
4.	Weisen Sie den Mitarbeiter deutlich auf die Konsequenzen sei-nes Fehlverhaltens hin (ggf. Ankündigung einer Abmahnung).
5.	Bitten Sie den Mitarbeiter erneut um eine Stellungnahme, um festzustellen, ob Ihre Warnung auch angekommen ist.
6.	Gehen Sie sachlich auf mögliche Einwände des Mitarbeiters ein.
7.	Treffen Sie eine verbindliche Vereinbarung mit dem Mitarbeiter bezüglich der Fehlzeiten.
Gesprächsabschluss	
8.	Fassen Sie die Ziele des Gesprächs zusammen.
9.	Vereinbaren Sie ggf. einen Termin für ein zweites Gespräch, um die Zielerreichung zu kontrollieren (in 4 bis 6 Wochen).
10.	Beenden Sie das Gespräch freundlich und bedanken Sie sich für das offene Gespräch.

16 Konflikte professionell moderieren

Die Aufgabe des Konfliktmoderators ist komplex und anspruchsvoll. Es gilt gut zu überlegen und abzuwägen, ob Sie als Führungskraft die Konfliktmoderation übernehmen sollten. Reichen Ihre Kompetenzen? Ist Ihre Rolle und Positionierung so, dass Sie diese nicht gefährden? Werden Sie als Moderator akzeptiert? Sind Sie wirklich neutral? Eine Konfliktmoderation zwischen zwei Mitarbeitern kann Sie schnell zum Verlierer in Ihrer Positionierung als Führungskraft machen, wenn Ihnen hinterher mangelnde Neutralität vorgeworfen wird.

> **Tipp**
>
> Sie sollten immer und in jedem Fall versuchen, nicht eine der Konfliktparteien zu sein, sonst fällt es Ihnen in Ihrer Führungsrolle sehr schwer, eine akzeptable Lösung zu generieren. Wenn Sie feststellen, dass Sie Teil des Problems sind, dann bitten Sie lieber jemand anderen, eine neutrale Person oder Führungskraft, zu moderieren und daran mitzuarbeiten, den Konflikt zu lösen.

Übersicht

Hier haben wir übersichtlich zusammengefasst, welche Schritte Sie bei der Moderation von Konflikten im Einzelnen beachten müssen. Anschließend finden Sie eine ausführliche Schritt-für-Schritt-Anleitung und hilfreiche Arbeitsmittel.

Übersicht: Konflikte professionell moderieren	
Schritt 1: Einen verdeckten Konflikt erkennen	
Analysieren Sie bereits vor dem Gespräch den Konflikt: Welche Symptome weisen auf einen Konflikt hin?	
Ablehnung, Widerstand	
Rückzug, Desinteresse	
Gereiztheit, Aggressivität, Feindseligkeit	
Mobbing, Gerüchte	

Sturheit, Unnachsichtigkeit	
Förmliches Verhalten, Überkonformität	
Körperliche Symptome, Krankheiten	
Schritt 2: Den Konflikt analysieren	
Zu Beginn des Konfliktgesprächs lassen Sie die strittigen Punkte von den Parteien selbst benennen.	
Analysieren Sie, auf welcher Ebene der Konflikt liegt (z. B. Sach- oder Beziehungsebene).	
Nehmen sie anschließend eine Problemdefinition vor, die von den Konfliktparteien anerkannt wird.	
Schritt 3: Gemeinsame Suche nach Lösungen	
Erarbeiten Sie gemeinsam mit den Konfliktparteien Schritt für Schritt Lösungen zu den Problemen.	
Wenden Sie bei der Lösungssuche Kreativitätstechniken an (siehe Teil 2, Kapitel 6.	
Schritt 4: Gemeinsame Entscheidungsfindung	
Bewerten Sie gemeinsam mit den Konfliktparteien die Lösungsvorschläge.	
Stellen Sie sicher, dass beide Konfliktparteien an dem Lösungsprozess gleichermaßen beteiligt sind.	
Fragen Sie regelmäßig nach, ob beide Parteien mit dem Verlauf des Gespräches und den bisherigen Fortschritten zufrieden sind.	
Schritt 5: Den Konsens schriftlich fixieren	
Halten Sie die Ergebnisse schriftlich fest.	
Fragen Sie abschließend noch einmal die Konfliktparteien, ob sie mit der erarbeiteten Lösung einverstanden sind.	
Falls einer der Beteiligten nicht einverstanden ist, müssen Sie die Diskussion der Lösungsvorschläge wieder aufnehmen (Schritt 4).	
Bedanken Sie sich bei allen Beteiligten für die gute und kooperierende Zusammenarbeit.	

Anleitung

Als Konfliktmoderator sind Sie den Inhalten gegenüber neutral, aber dem Prozess gegenüber parteiisch eingestellt. Das bedeutet, dass Sie die Inhalte nicht bewerten, aber darauf achten, dass der Lösungsprozess nach klaren Regeln verläuft. Wird der Prozess torpediert oder sabotiert, müssen Sie einschreiten und unter Umständen auch hart durchgreifen. Die folgende Anleitung zeigt Ihnen, wie Sie im Einzelnen vorgehen.

Schritt 1: Einen verdeckten Konflikt erkennen

Viele Konflikte schwelen zunächst unausgesprochen vor sich hin, um dann möglicherweise zu eskalieren. Woran erkennen Sie einen Konflikt, wenn er nicht offen ausgetragen wird? Es gibt bestimmte Symptome, an denen man erkennen kann, dass ein Konflikt vorliegt. In der folgenden Übersicht sind die wichtigsten Symptome, an denen man einen (unausgesprochenen) Konflikt erkennen kann, zusammengefasst:

Symptome	Bedeutung
Ablehnung, Widerstand	Ein Konfliktbetroffener versucht, den Konfliktgegner an dessen Zielerreichung zu hindern. Das kann auf verschiedene Arten geschehen. Zum Beispiel können Arbeiten nicht mehr sorgfältig ausgeführt werden, Informationen nicht weitergeleitet werden etc.
Rückzug, Desinteresse	Beim Konfliktbetroffenen sinkt die Arbeitsmotivation und er verschließt sich.
Gereiztheit, Aggressivität, Feindseligkeit	Wird Ärger nicht direkt Luft gemacht, bleibt er unterschwellig vorhanden und kommt in anderen Situationen zum Ausdruck.
Mobbing, Gerüchte	Konfliktparteien versuchen häufig, die Gegenpartei schlecht zu machen oder zu behindern und suchen sich gleichzeitig Unterstützung von Dritten.
Sturheit, Unnachsichtigkeit	Der Konfliktgegner wird als Schuldiger wahrgenommen, der dem Betroffenen persönlich „etwas will". Durch die einseitige Wahrnehmung schwindet die Empathie und Bereitschaft, sich in die Sichtweise des anderen hineinzuversetzen.

Symptome	Bedeutung
Förmliches Verhalten, Überkonformität	Herrscht ein Konflikt zwischen einem Mitarbeiter und dessen Führungskraft, traut er sich aus Angst vor negativen Konsequenzen oft nicht, den Konflikt offen anzusprechen. Stattdessen verhält er sich eher „überangepasst" oder betont freundlich.
Körperliche Symptome, Krankheiten	Konflikte bringen körperliche Reaktionen wie Stress, erhöhten Blutdruck, Schwächung des Immunsystems etc. mit sich. Treten diese körperlichen Reaktionen über lange Zeit auf, können Sie zu „echten" Krankheiten werden. Insofern können auch eine hohe Fluktuation und ein schlechtes Arbeitsklima Ausdruck von Konflikten sein.

Schritt 2: Den Konflikt analysieren

Um einen Konflikt im Gespräch zu lösen, muss zunächst einmal eine Konfliktanalyse vorgenommen werden. Diese geht dem eigentlichen Lösungsprozess voraus und dient dazu, dass alle strittigen Punkte zur Sprache kommen. Theoretisch kann in einem Konflikt alles zu einem Streitpunkt gemacht werden. Streitpunkte und Ursachen vermischen sich dann in den Augen der Parteien aber immer wieder. Im Rahmen einer Konfliktanalyse kann es deshalb sehr sinnvoll sein, die strittigen Punkte von den einzelnen Parteien selbst benennen zu lassen. Ist dies möglich, haben Sie gleichzeitig fast eine gemeinsame Problemdefinition erreicht. Die Konfliktpunkte liegen dann offen auf dem Tisch und es lassen sich mögliche gemeinsame Ziele und Interessen der Konfliktbeteiligten ausfindig machen.

Bei der Konfliktanalyse im Gespräch können Sie sich an den folgenden Fragen orientieren:

- Beziehen sich die Streitpunkte auf persönliche Ansichten oder auf objektive Sachverhalte?
- Was ist der „springende Punkt", auf den sich die Parteien versteifen?
- Könnte der Konflikt aus einem anderen Bereich hierher verschoben worden sein?
- Wie erleben Sie persönlich die Streitpunkte? Wie wichtig sind Ihnen diese Punkte?
- Wie sehen die Konfliktparteien die Punkte?
- Was bringen die Parteien vor, was ärgert sie, was stört sie?

Des Weiteren gilt es zu bestimmen, wer an dem Konflikt beteiligt ist und in welchem Verhältnis die Personen/Parteien zueinander stehen. Mit den anschließenden Fragen können Sie diese Punkte näher beleuchten:

- Sind die Konfliktparteien einzelne Personen oder sind es organisierte Einheiten?
- Was sind die wesentlichen Stärken und Schwächen der Konfliktparteien?
- Wie definieren Sie die Beziehung der Konfliktparteien zueinander?
- Sind die Konfliktparteien organisatorisch einander unter/übergeordnet?
- Gibt es Verbündete? Gibt es am Konflikt interessierte Dritte?
- Fühlt sich eine Seite der anderen überlegen, unterlegen oder gleichwertig?
- Welche persönlichen Eigenheiten zeichnen die Parteien aus?

Konfliktlösung heißt, dass die Sichtweise und das Verhalten der Betroffenen hinterfragt werden müssen. Dabei hilft Ihnen die Checkliste „Sichtweisen in Konflikten", die Sie im Abschnitt „Arbeitsmittel" und auf der CD-ROM finden.

Auf welcher Kommunikationsebene liegt der Konflikt?

In der Konfliktanalyse müssen Sie herausfinden, auf welcher Kommunikationsebene der Konflikt liegt. Generell gilt, dass alle Konflikte durch verschiedene Ebenen der „Tiefe", die ein Konflikt erreichen kann, gekennzeichnet sind. Dabei ist auf allen Konfliktebenen eine Lösung möglich, sogar auf der letzten und tiefsten.

1. Die Sachebene

Zu Beginn zeigen sich Konflikte im Allgemeinen auf der Sachebene. Hier werden zunächst Argumente ausgetauscht, Meinungen einander gegenübergestellt und Sichtweisen verglichen, bewertet oder sogar entwertet. Zu diesem Zeitpunkt geht es in einem Konflikt (vordergründig) noch um den Widerspruch in der eigentlichen Sache. Im Laufe der Zeit intensivieren sich dann aber die Anstrengungen von mindestens einer der Konfliktparteien. Stellen Sie sich darauf ein, dass es jetzt lauter werden kann, bereits gebrachte Argumente wiederholt und evtl. schärfer formuliert werden. Findet an dieser Stelle kein Nachgeben der Gegenpartei statt, was einer Konfliktlösung gleichkäme, wird im nächsten Schritt die Sachebene verlassen und die Ebene der Regeln aufgesucht.

2. Die Ebene der Regeln

Auf der zweiten Konfliktebene werden die grundsätzlich geltenden Regeln thematisiert, nach denen bei solch einem Konflikt vorgegangen werden soll. Hilfreich ist es für Sie in dieser Situation, wenn Sie gemeinsam mit Ihren Mitarbeitern bereits im Vorfeld Regeln für den Konfliktfall aufgestellt haben, die besagen, was gut, richtig und zulässig ist. Ihnen als Führungskraft kommt an dieser Stelle im Konflikt die Rolle zu, eben jene Regeln zu suchen, deren Gültigkeit und Anwendung zu thematisieren bzw. neue Regeln für zukünftige Konfliktsituationen zu generieren.

3. Die Ebene der Beziehung

Ist es nicht gelungen, auf den vorhergehenden Ebenen eine Einigung zu erzielen, so verlagert sich der Konflikt zwangsläufig eine Stufe tiefer auf die Beziehungsebene. In dieser Konfliktphase wird die Beziehung zwischen den Konfliktparteien thematisiert. Haben Sie einen Konflikt mit einem Ihrer Mitarbeiter, wird sich das Thema auf dieser Ebene höchstwahrscheinlich um Vertikalität drehen. Diskussionsgegenstände sind häufig die Rolle, Aufgaben und Verpflichtungen des Mitarbeiters und in Relation dazu die Rolle, Aufgaben und Verpflichtungen von Ihnen als Führungskraft.

4. Die Sinnebene

Auf dieser letzten möglichen Ebene werden schließlich die grundlegenden Fragen des „ob überhaupt" thematisiert. Wie Sie sicherlich bemerkt haben, wurde auf den vorangegangenen Ebenen versucht, den Konflikt über die Modifikation des Wie zu lösen. Jetzt, zu diesem Zeitpunkt, stellen sich zwei andere Fragen:

- Fühlen die Konfliktparteien sich noch den gemeinsamen Zielen verpflichtet?
- Macht die Fortsetzung der Beziehung unter den gegebenen Umständen noch Sinn? Doch auch auf dieser Ebene ist noch eine Konfliktlösung möglich.

Generell sollten Sie beachten: Wandern Sie nicht zu schnell über die Ebenen. Ihre Rolle als Vorgesetzter ist folgende: Erst wenn Sie sehen, dass der Konflikt auf einer Ebene verharrt und keine Bewegung oder kein Fortschritt erzielbar ist, dann ist es Ihre Aufgabe, die nächste Ebene anzusprechen.

Schritt 3: Gemeinsame Suche nach Lösungen

Sobald Sie das Problem definiert haben, können Sie gemeinsam nach Lösungen suchen. Dazu bieten sich Kreativitätstechniken an, die in Teil 2, Kapitel 6 besprochen werden.

Wichtig ist, dass Sie beide Parteien an einen Tisch holen und sie über das weitere Vorgehen informieren. Stellen Sie sicher, dass alle Konfliktpartner daran interessiert sind, den Konflikt zu lösen und einigen Sie sich im weiteren Gesprächsverlauf auf verschiedene Lösungswege.

Schritt 4: Gemeinsame Entscheidungsfindung

Anschließend werden die generierten Lösungswege gemeinsam bewertet und eine Entscheidung für einen Lösungsweg getroffen. Achten Sie darauf, dass alle Konfliktparteien sich an diesem Prozess in gleichem Maße beteiligen, um so Unstimmigkeiten auszuschließen. Fragen Sie regelmäßig nach, ob beide Parteien mit dem Verlauf des Gespräches und den bisherigen Fortschritten zufrieden sind.

Schritt 5: Den Konsens schriftlich fixieren

Bevor der Konsens schriftlich fixiert wird, werden die Umsetzungsschritte und die zeitlichen Rahmenbedingungen festgehalten. Fragen Sie noch einmal abschließend nach, ob die erarbeiteten Ergebnisse für die Konfliktpartner akzeptabel sind. Bedanken Sie sich bei allen Beteiligten für die gute und kooperierende Zusammenarbeit. Zum Abschluss sollte der erzielte Konsens in Form einer Tätigkeitsliste oder eines Verhaltensvertrags schriftlich fixiert werden.

Arbeitsmittel

In diesem Abschnitt und auf der CD-ROM finden Sie hilfreiche Arbeitsmittel, die Sie als Konfliktmoderator einsetzen können:

- Checkliste: Was Sie als Konfliktmoderator beachten müssen
- Checkliste: Sichtweisen in Konflikten
- Checkliste: So vermeiden Sie die Eskalation von Konflikten

Bei der Vorbereitung und Durchführung einer Konfliktmoderation hilft Ihnen die nachfolgende Checkliste.

Checkliste: Was Sie als Konfliktmoderator beachten müssen	
Planen Sie ausreichend Zeit ein.	
Sorgen Sie für eine ruhige und ungestörte Atmosphäre.	
Stellen Sie Stühle und Tische nicht so, dass sich die Kontrahenten gegenübersitzen.	
Verdeutlichen Sie Ihre Position und Aufgabe als Moderator.	
Definieren Sie den Zeitrahmen des Gesprächs.	
Konzentrieren Sie sich in der Diskussion auf das Wesentliche.	
Vereinbaren Sie Regeln für die Gesprächsführung.	
Setzen Sie positive Anreize für eine Konfliktbeseitigung.	
Fördern Sie Irrationales und Aggressives zutage.	
Trennen Sie zwischen Sach- und Beziehungsebene.	
Überprüfen Sie immer wieder Ihre eigene Grundeinstellung zu den Konfliktparteien.	
Sehen Sie beide Kontrahenten wirklich als gleich an und behandeln Sie beide Parteien äquivalent.	

Checkliste: Sichtweisen in Konflikten	
Standpunkt ...	**Fragestellungen**
des Betroffenen	Welche Gefühle habe ich? (Angst, Wut)
	Habe ich mich unter Kontrolle oder lasse ich mich provozieren?
	Was ist mein Ziel?
	Welche Risiken sind absehbar?
	Will ich den anderen überzeugen oder manipulieren?
des Konfliktpartners	Was hält der andere für wichtig?
	Welche Gefühle hat er?
	Welche Risiken könnte er sehen?
	Was ist für ihn wichtig?
	Was will er erreichen?
eines neutralen Beobachters	Wie würde ein neutraler Beobachter unsere Situation einschätzen/beurteilen?
	Glaubt er, dass wir beide zu einer gemeinsamen Lösung finden wollen?
	Wie verhalten wir uns?
	Stehen unsere Ziele noch m Vordergrund oder geht es mittlerweile um die versteckten Konflikte?

Checkliste: So vermeiden Sie die Eskalation von Konflikten	
Versetzen Sie sich in die Lage Ihres Gegenübers und versuchen Sie, seine Perspektive zu verstehen.	
Sprechen Sie über die Vorstellungen beider Seiten.	
Versuchen Sie, die Vorstellungen der Gegenseite auf unerwartete Weise zu nutzen.	
Beteiligen Sie die Gegenseite am Ergebnis.	
Sorgen Sie dafür, dass die Gegenseite am Verhandlungsprozess beteiligt ist.	
Stimmen Sie Ihre Vorschläge auf das Wertesystem der anderen ab.	
Achten Sie bei allen Beteiligten auf den Faktor „Gesicht wahren".	
Gestatten Sie der Gegenseite, Dampf abzulassen. Reagieren Sie nicht (negativ) auf emotionale Ausbrüche.	
Benutzen Sie symbolische Gesten: Eine Entschuldigung ist oft ein wichtiger Schritt hin zu einer Problemlösung.	
Sprechen Sie so, dass man sie versteht.	
Reden Sie über sich, nicht über die Gegenseite: Vermitteln sie, was das Problem mit Ihnen macht und spekulieren Sie nicht über vermutete Absichten des Gegenübers.	
Vermeiden Sie Behauptungen. Diese provozieren Gegenwehr und Ärger.	
Sprechen Sie mit einer bestimmten Absicht: Bevor Sie einen Satz aussprechen, machen Sie sich klar, was Sie eigentlich mitteilen wollen und überlegen Sie sich, welchen Zweck diese Information dient.	
Vergeuden Sie keine Zeit mit endlosen „Wer-hat-was-gemacht-Fragen" und Rechtfertigungen.	
Haben Sie immer mehrere Optionen parat, die Ihren Vorstellungen entsprechen.	
Seien Sie hart in der Sache, aber sanft zu den beteiligten Menschen: Halten Sie an Ihren Interessen fest, greifen Sie die Dinge sachlich an, ohne dem Gegenüber Schuld zuzuweisen.	
Seien Sie höflich, hören Sie zu, zeigen Sie Wertschätzung für den Einsatz, unterstreichen Sie Ihr Verständnis für die Bedürfnisse Ihres Gegenübers.	

17 Abmahnung im Mitarbeitergespräch

Die Abmahnung eines Mitarbeiters sollte stets im Rahmen eines Abmahnungsgesprächs erfolgen und möglichst bald nach dem jeweiligen Vorfall stattfinden. Typisches Fehlverhalten kann unentschuldigtes Fehlen, regelmäßige Unpünktlichkeit, Arbeitsverweigerung, Verstoß gegen innerbetriebliches Rauchverbot, alkoholbedingtes Fehlverhalten oder falsches Verhalten in der Zusammenarbeit mit Kunden, Kollegen oder Vorgesetzten sein.

Übersicht

Hier haben wir übersichtlich zusammengefasst, welche Schritte Sie im Einzelnen beachten müssen, wenn Sie ein Abmahnungsgespräch vorbereiten und durchführen müssen. Anschließend finden Sie eine ausführliche Schritt-für-Schritt-Anleitung und hilfreiche Arbeitsmittel.

Übersicht: Ein Abmahnungsgespräch führen	
Schritt 1: Vorbereitung eines Abmahnungsgesprächs	
Abstimmen des Gesprächstermins	
Auswahl und Reservierung eines ruhigen Raumes	
Inhaltliche Vorbereitung:	
Vorbereitung des Gesprächsablaufs und der Argumentation	
1. Soll der Beschäftigte eine zweite Chance erhalten?	
2. Geht es darum, dass Verbesserung eintritt?	
3. Dient das Gespräch einer Kündigungsvorbereitung?	
Prüfen Sie, ob Sie zur rechtlichen Absicherung einen Zeugen hinzuziehen sollten.	
Schritt 2: Gesprächseröffnung	
Eröffnen Sie das Gespräch sachlich und ohne Vorwürfe an den Mitarbeiter.	
Vermeiden Sie Smalltalk.	

Schritt 3: Die Abmahnung aussprechen	
Klären Sie Grund und Ziel des Gesprächs.	
Verwenden Sie eine eindeutige Formulierung, z. B.: „... spreche ich Ihnen deshalb hiermit eine Abmahnung aus ..."	
Schritt 4: Die Abmahnung erläutern	
Erläutern Sie die Konsequenzen der Abmahnung.	
Machen Sie Ihre Erwartungen an den Mitarbeiter deutlich.	
Geben Sie dem Mitarbeiter Gelegenheit zu einer Stellungnahme.	
Vermeiden Sie Diskussionen mit Ihrem Mitarbeiter.	
Schritt 5: Ergebnisse schriftlich festhalten	
Halten Sie die Ergebnisse des Abmahnungsgesprächs schriftlich fest.	
Vereinbaren Sie ggf. einen neuen Gesprächstermin.	
Lassen Sie die Abmahnung auch von dem Mitarbeiter unterschreiben.	
Schritt 6: Gesprächsabschluss	
Beenden Sie das Gespräch freundlich, aber bestimmt.	

Anleitung

Schritt 1: Vorbereitung eines Abmahnungsgesprächs

Die allererste und wichtigste Frage für die Vorbereitung auf ein Abmahnungsgespräch ist: Gibt es einen Warnschuss oder eine Rote Karte? Zur Beantwortung dieser Frage sollten Sie folgende Punkte festhalten und bewerten:

- Wie schwer war der Verstoß?
- Waren dem Mitarbeiter Regeln und Folgen seines Handelns bekannt?
- Inwieweit ist der Beschäftigte (allein) verantwortlich?
- Wie sieht die Basis der weiteren Zusammenarbeit aus?
- Glauben Sie an eine Verbesserung und nachhaltigen Veränderung des Verhaltens Ihres Mitarbeiters?

Holen Sie Informationen und Rat ein. Eine solche Entscheidung ist nicht leichtfertig zu treffen. Ein Abmahnungsgespräch ist eine kritische Situation. Die Botschaft muss den Mitarbeiter so erreichen, dass er sie versteht und akzeptiert. Für einen wirkungsvollen Einsatz des Instrumentes Abmahnungsgespräch muss vorher feststehen, welches Ziel Sie damit verfolgen.

- Soll der Beschäftigte eine zweite Chance erhalten?
- Geht es darum, dass Verbesserung eintritt?
- Dient das Gespräch einer Kündigungsvorbereitung?

Bereiten Sie sich im Sinne von Fairness und Stichhaltigkeit Ihrer Argumentation gut vor! Und dokumentieren Sie das Gespräch!

Ein professionelles Abmahnungsgespräch durchläuft folgende Stufen:

Schritt 2: Gesprächseröffnung

Kontakt: Ein Abmahnungsgespräch sollten Sie sachlich und ohne Smalltalk eröffnen.

Schritt 3: Die Abmahnung aussprechen

Information: Klären Sie Grund und Ziel des Gesprächs. Lassen Sie keine Zweifel aufkommen, verwenden Sie eine eindeutige Formulierung, zum Beispiel: „Ich mahne Sie hiermit ab …" oder „… spreche ich Ihnen deshalb hiermit eine Abmahnung aus …"

Schritt 4: Die Abmahnung erläutern

Argumentation: Erläutern Sie die Konsequenzen der Abmahnung. Machen Sie Ihre Erwartungen an den Mitarbeiter deutlich. Geben Sie ihm Gelegenheit, den Sachverhalt aus seiner Sicht darzustellen, vermeiden Sie jedoch Diskussionen. Legen Sie Regeln fest und vereinbaren Sie Ziele mit dem Mitarbeiter.

Schritt 5: Ergebnisse schriftlich festhalten

Beschluss: Halten Sie die Ergebnisse schriftlich fest! Vereinbaren Sie neue Termine. Lassen Sie die Abmahnung unterschreiben und übergeben Sie sie an die Personalabteilung, die die Abmahnung zu der Personalakte legt.

Schritt 6: Gesprächsabschluss

Abschluss: Beenden Sie das Gespräch freundlich, aber bestimmt.

Falls Sie Bedenken haben, prüfen Sie, ob die Notwendigkeit der Absicherung durch einen Zeugen besteht. Eine positive Nebenwirkung ist hier, dass damit die Bedeutung des Gesprächs für den Mitarbeiter gesteigert wird. Holen Sie sich gegebenenfalls fachliche Unterstützung zum Beispiel bei arbeitsrechtlichen Fragen. Klären Sie, ob Ihr Mitarbeiter das Hinzuziehen des Betriebsrates wünscht.

Arbeitsmittel

Das folgende Muster für eine schriftliche Abmahnung finden Sie auch auf der CD-ROM zum Ausdrucken.

Abmahnung

_____ [Datum]

Sehr geehrte/r Frau/Herr _____,

Ihr nachfolgend dargestelltes Verhalten gibt uns Veranlassung, Sie auf die ordnungsgemäße Erfüllung Ihrer arbeitsvertraglichen Verpflichtungen hinzuweisen:

_____

_____

[Es folgt das zu beanstandende Fehlverhalten, das möglichst konkret zu beschreiben ist, insbesondere Ort und Datum des Sachverhalts; unnötige subjektive Wertungen sind zu vermeiden.]

Wir können dieses Fehlverhalten nicht unbeanstandet hinnehmen. Wir fordern Sie hiermit zu einem/r vertragsgemäßen Verhalten/Arbeitsleistung auf. Im Falle einer weiteren derartigen oder ähnlichen Pflichtverletzung sehen wir uns gezwungen, Ihr Arbeitsverhältnis zu kündigen.

Wir bitten Sie, uns den Erhalt dieser Abmahnung, die wir zu Ihren Personalakten nehmen werden, auf dem beigefügten Zweitexemplar zu bestätigen.

Mit freundlichen Grüßen

_____

[Unterschrift]

---

18 Das Kündigungsgespräch

Als Führungskraft sind Sie dafür verantwortlich, dass das Kündigungsgespräch professionell verläuft. Dazu gehört, dass Sie auch mit unangenehmen emotionalen Reaktionen des betroffenen Mitarbeiters richtig umgehen. Stellen Sie sich der Verantwortung und erfüllen Sie diese so gewissenhaft und kompetent wie möglich. Im Folgenden finden Sie eine Anleitung für die Vorbereitung und Durchführung von Kündigungsgesprächen, die insbesondere auch auf die Reaktionen Ihres Mitarbeiters eingeht.

Übersicht

Hier haben wir übersichtlich zusammengefasst, welche Schritte Sie im Einzelnen beachten müssen, wenn Sie ein Kündigungsgespräch führen. Anschließend finden Sie eine ausführliche Schritt-für-Schritt-Anleitung und hilfreiche Checklisten.

Übersicht: Ein Kündigungsgespräch führen	
Schritt 1: Ein Kündigungsgespräch vorbereiten	
Auswahl und Reservierung eines ruhigen Raumes	
Versuchen Sie die mögliche Reaktion Ihres Mitarbeiters im Vorfeld abzuschätzen, um sich gezielter auf das Gespräch vorzubereiten.	
Prüfen Sie, ob Sie zur rechtlichen Absicherung einen Zeugen hinzuziehen sollten.	
Schritt 2: Ein Kündigungsgespräch eröffnen	
Sprechen Sie das Thema des Kündigungsgesprächs ohne Umschweife an.	
Kommunizieren Sie die Trennungsbotschaft klar und eindeutig.	
Nutzen Sie Ich-Botschaften, um deutlich zu machen, dass Sie sich mit der Entscheidung und der Maßnahme identifizieren.	
Schritt 3: Mit den ersten Reaktionen des Mitarbeiters umgehen	
Geben Sie dem Betroffenen Zeit, die Nachricht zu realisieren.	
Kritisieren Sie die Reaktion des Betroffenen nicht, sondern versuchen	

Sie, sie zu verstehen und zu akzeptieren.
In einer Checkliste finden Sie weitere Hinweise, wie Sie mit den ersten Reaktionen des Mitarbeiters angemessen und professionell umgehen (siehe CD-ROM).
Schritt 4: Die Kündigungsentscheidung begründen
Nennen Sie die Gründe, aus denen die Kündigung erfolgt.
Achten Sie darauf, dass der Kern der Botschaft klar und eindeutig ist.
Formulieren Sie eine individuelle Begründung.
Achten Sie darauf, wirklich immer Ich-Botschaften zu benutzen.
Schritt 5: Mit Fragen und Einwänden des Mitarbeiters umgehen
Geben Sie Ihrem Mitarbeiter Gelegenheit zu einer Stellungnahme.
Eine Übersicht hilft Ihnen, mit möglichen Fragen und Einwänden des Mitarbeiters umzugehen (siehe CD-ROM).
Lassen Sie sich auf keine (längeren) Diskussionen ein.
Schritt 6: Das Kündigungsgespräch beenden
Vergewissern Sie sich, ob die Botschaft bei Ihrem Mitarbeiter angekommen ist.
Beenden Sie das Gespräch sachlich und freundlich, auch wenn es zu Verstimmungen kam.

Anleitung

Schritt 1: Ein Kündigungsgespräch vorbereiten

Das Überbringen von schlechten Nachrichten, in diesem Fall einer Kündigung, ist niemals einfach und erfordert von Ihnen als Führungskraft große Sensibilität. Deswegen sollte das Kündigungsgespräch besonders sorgfältig vorbereitet sein. Gehen Sie in Ihrer Vorbereitung die einzelnen Schritte dieser Anleitung durch und nutzen Sie auch die Checklisten für die Vorbereitung des Kündigungsgesprächs. Insbesondere die Eröffnung des Kündigungsgesprächs (siehe Schritt 2) sowie die Begründung der Kündigung (siehe Schritt 4) sollten Sie schriftlich vorbereiten.

Je nachdem wie gut Sie Ihren Mitarbeiter kennen, werden Sie auch seine Reaktionen im Vorfeld abschätzen können. Bereiten Sie sich auch auf negative

Reaktionen Ihres Mitarbeiters, die je nach Persönlichkeit unterschiedlich ausfallen werden, vor. Die Übersicht „Einwandbehandlung" in Schritt 5 hilft Ihnen dabei.

Schritt 2: Ein Kündigungsgespräch eröffnen

Im Rahmen eines Kündigungsgesprächs ist die Gesprächseröffnung besonders wichtig. Wie bei einer guten Rede sollten Sie genau wissen, mit welchen Worten Sie das Gespräch eröffnen wollen. Vermeiden Sie den sonst üblichen Gesprächseinstieg über eine Frage, wie z. B. „Wie gefällt Ihnen denn der neue Trakt unseres Hauptgebäudes?". Eine solche Frage könnte vom Betroffenen im Nachhinein als unehrlich eingestuft werden. Reden Sie nicht lange um den heißen Brei herum, sondern kommunizieren Sie die Trennungsbotschaft klar und eindeutig innerhalb der ersten fünf Sätze. Nutzen Sie in jedem Fall Ich-Botschaften, um deutlich zu machen, dass Sie sich mit der Entscheidung und der Maßnahme identifizieren und die volle Verantwortung für Ihre Worte übernehmen.

Formulierungsbeispiel

„Frau König, ich habe Sie zu mir gebeten, um Ihnen die Aufhebung Ihres Arbeitsvertrags zum Jahresende anzukündigen."

Schritt 3: Mit den ersten Reaktionen des Mitarbeiters umgehen

Jeder Mensch reagiert anders auf eine Trennungsbotschaft. Das macht die Vorbereitung schwer. Dennoch gibt es einige grundlegende Praxistipps für ein professionelles Verhalten in einem Kündigungsgespräch, die Sie in der Checkliste im Abschnitt „Arbeitsmittel" und auf der CD-ROM finden.

Schritt 4: Die Kündigungsentscheidung begründen

Nachdem der Mitarbeiter die Kündigungsnachricht erhalten hat und Gelegenheit hatte, darauf zu reagieren, folgt die Begründung der Kündigung. Nennen Sie die Gründe, aus denen die Kündigung erfolgt. Sie tun Ihrem Mitarbeiter keinen Gefallen, wenn Sie ihm nicht die Wahrheit sagen. Hier kommt es vor allem auf die Form an, in der Sie die Gründe mitteilen. Die folgende ToDo-Liste hilft Ihnen bei der Formulierung der Trennungsbegründung.

- Legen Sie die Art der Begründung fest.
- Formulieren Sie eine individuelle Begründung.
- Achten Sie darauf, dass der Kern der Botschaft klar und eindeutig ist.

- Schreiben Sie die Begründung zunächst auf und üben Sie sie gegebenenfalls, indem Sie sie laut vortragen. (Benutzen Sie ein Diktiergerät, damit
  Sie Ihre Formulierung und Ihre Stimme im Nachhinein überprüfen können.)
- Achten Sie darauf, wirklich immer Ich-Botschaften zu benutzen.

Schritt 5: Mit Fragen und Einwänden des Mitarbeiters umgehen

Wenn Sie dem Mitarbeiter die Begründung der Kündigung dargelegt haben,
sollte er noch einmal Gelegenheit zu einer Stellungnahme haben. Möglicherweise wird er Fragen und Einwände vorbringen, auf die Sie reagieren müssen.
Hilfreich und sinnvoll ist es, mögliche Fragen und Einwände des Betroffenen
vorher durchzuspielen und sich zu notieren. Die folgende Übersicht hilft
Ihnen dabei.

Übersicht: So gehen Sie mit Fragen und Einwänden des Mitarbeiters im Kündigungsgespräch um

CD-ROM

Mögliche Fragen und Einwände des Mitarbeiters	Mögliche Reaktionen der Führungskraft
Wer hat diese Entscheidung getroffen?	Ich habe diese Entscheidung sorgfältig vorbereitet und sie mit ... abgestimmt.
Wann läuft mein Vertrag aus?	Wir werden die Kündigungsfrist einhalten, die in Ihrem Arbeitsvertrag steht, d. h. in Ihrem Fall ...
Bin ich endgültig entlassen?	Ja, ich werde das Arbeitsverhältnis mit Ihnen zum ... auflösen.
Ist Herr Muster auch betroffen?	Diese Information möchte ich nicht an Sie weitergeben.
Ich möchte mit Ihrem Vorgesetzten über diese Entscheidung reden.	Natürlich ist es Ihr Recht, mit meinem Vorgesetzten zu reden. An der Entscheidung wird sich dadurch jedoch nichts ändern.
Ich wusste, dass ich früher oder später von Ihnen gekündigt werden würde. Sie konnten mich ja noch nie leiden.	Die Trennung hat nichts mit Ihnen als Person zu tun, sondern mit ...

Ich bin von Ihnen als Mensch wirklich enttäuscht.	Diese Entscheidung hat nichts mit meiner Person zu tun, sondern mit meiner Rolle als Führungskraft.
Meine Arbeit ist alles, was ich habe. Das können Sie mir doch nicht so einfach nehmen.	Ich weiß, dass Sie sich sehr für Ihre Arbeit engagiert haben. Ich biete Ihnen Folgendes an, um Ihnen bei der Stellensuche behilflich zu sein.
Kann ich mich innerhalb der Firma um eine andere Stelle bewerben?	Ich habe die Möglichkeiten, Sie innerhalb unseres Unternehmens weiter zu beschäftigen, eingehend geprüft. Leider kann ich Ihnen derzeit keine andere Stelle anbieten.
Ich kann doch jetzt nicht umziehen, wo ich mir hier gerade eine Existenz aufgebaut habe.	Müssen Sie denn zwangsläufig umziehen? Lassen Sie uns doch einmal gemeinsam überlegen, welche Möglichkeiten Ihnen offen stehen.

Schritt 6: Das Kündigungsgespräch beenden

Auch die Beendigung des Gesprächs sollten Sie genau planen. Sie können das Gespräch beenden, wenn Sie alle notwendigen Informationen an den Betroffenen weitergegeben haben. Vergewissern Sie sich durch Fragen, was bei dem Betroffenen angekommen ist und was er wie aufgenommen hat. Bitten Sie ihn, das zu wiederholen, was er verstanden hat. Lassen Sie sich die Gesprächsführung nicht dadurch aus der Hand nehmen, dass Sie sich von dem Betroffenen in endlose Diskussionen verwickeln lassen. Sie wecken damit nur falsche Hoffnungen.

Arbeitsmittel

In diesem Abschnitt und auf der CD-ROM finden Sie hilfreiche Arbeitsmittel, die Sie zur Vorbereitung eines Kündigungsgesprächs einsetzen können:

- Checkliste: Umgang mit Reaktionen des Mitarbeiters
- Checkliste: Was ist nach dem Kündigungsgespräch zu tun?

Checkliste: Umgang mit der Reaktion des Mitarbeiters auf die Kündigung	
Strahlen Sie keine Anspannung aus, sondern vermitteln Sie Ruhe und Gelassenheit.	
Geben Sie dem Betroffenen Zeit, die Nachricht zu realisieren.	
Signalisieren Sie durch Gestik und Mimik, dass Sie offen sind für eine Reaktion des Betroffenen.	
Falls keine Reaktion erfolgt, ermutigen Sie dazu, aber versuchen Sie nicht, sie gewaltsam hervorzurufen.	
Kritisieren Sie die Reaktion des Betroffenen nicht, sondern versuchen Sie, sie zu verstehen und zu akzeptieren.	
Wiederholen Sie Ihre Worte, wenn Sie das Gefühl haben, dass Ihre Botschaft nicht angekommen ist.	
Stellen Sie Fragen, um herauszubekommen, was bei dem betroffenen Mitarbeiter noch unklar ist.	
Hören Sie aktiv zu.	
Bleiben Sie in Ihrer Sprache sachlich.	
Stillen Sie das Informationsbedürfnis des Mitarbeiters und protokollieren Sie Ihre Aussagen.	
Geben Sie keine Versprechungen ab, die Sie nicht einhalten können.	
Geben Sie dem Mitarbeiter eine Orientierung, indem Sie die nächsten Schritte klar und strukturiert vorgeben.	

Die folgende Checkliste hilft Ihnen dabei, zu überprüfen, ob Sie alle wesentlichen nächsten Schritte und Termine mit dem Betroffenen festgehalten haben.

Checkliste: Was ist nach dem Kündigungsgespräch zu tun?	
Zu welchem Termin ist die Beendigung des Arbeitsverhältnisses geplant?	
Soll eine Freistellung erfolgen und wenn ja, wann?	
Geht der Mitarbeiter unmittelbar nach dem Gespräch zurück an seinen Arbeitsplatz oder wird er direkt freigestellt?	
Wie lange dauert die Restlaufzeit des Vertrags?	
Wann findet der nächste Gesprächstermin statt?	
Welche sonstigen Fristen und Termine sind noch einzuhalten?	
Welche Projekte müssen noch beendet oder übergeben werden?	

Notfallkoffer

Das Besondere in Notsituationen ist, dass Sie als Führungs-kraft – wie ein Rettungssanitäter – schnell und konsequent handeln müssen. Damit Sie sich rasch einen Überblick ver-schaffen können, zeigen wir Ihnen in den folgenden Kapiteln verschiedene Möglichkeiten auf, wie Sie handeln können.

Die Notfälle sind:

- Eine sehr gute Mitarbeiterin kündigt überraschend
- Sie müssen vielen Mitarbeitern Ihrer Abteilung kündigen
- Die wirtschaftliche Lage erfordert einen harten Führungsstil
- Die Geschäftsführung trifft eine gravierende Fehl-entscheidung
- Sie sind selber Teil eines Konflikts
- Ein Mitarbeiter fällt krankheitsbedingt für längere Zeit aus

Fall 1: Eine sehr gute Mitarbeiterin kündigt überraschend

Wenn eine sehr gute Mitarbeiterin, ein sehr guter Mitarbeiter überraschend kündigt, kann dies ein Unternehmen kurzfristig in ernste Nöte bringen. In einem solchen Notfall ist es wichtig, schnell die richtigen Entscheidungen zu treffen. Auch wenn Ihnen der Aufwand um den Mitarbeiter sehr groß erscheint, vergessen Sie nicht, dass Ihre Mitarbeiter die Basis Ihres Erfolges sind. Hier stellen wir Ihnen mögliche Lösungswege vor.

Maßnahme 1: Führen Sie weitere Verhandlungen mit der Mitarbeiterin, um sie vom Bleiben zu überzeugen

Falls Sie es noch nicht getan haben, wäre es sinnvoll ein Gespräch mit Ihrer Mitarbeiterin zu führen und nach den Gründen für Ihre Kündigung zu fragen. Vielleicht können Sie ihr gutes Angebot machen und sie überzeugen, doch im Unternehmen zu bleiben. Auch wenn die Mitarbeiterin Ihre Entscheidung nicht revidiert, ist es wichtig, die Gründe für ihre Kündigung zu erfahren, um mögliche Verbesserungen in Ihrem Unternehmen anzuregen.

Maßnahme 2: Bitten Sie die Mitarbeiterin, bis zu ihrer Kündigung einen Nachfolger einzuarbeiten

Versuchen Sie so viel Wissen wie möglich in Ihrem Unternehmen zu halten, auch wenn Ihre Mitarbeiterin nicht mehr hoch motiviert ist. Wer könnte einen potenziellen Nachfolger besser einarbeiten, als die Vorgängerin – sie weiß um alle Arbeitsabläufe, Projekt und Meilensteine, die weiteren Schritte und Ziele in Ihrem Unternehmen. Aus diesem Grund ist es sehr gut, wenn sie so bald wie möglich mit der Einarbeitung eines Nachfolgers beginnt und Ihre Erfahrungen weitergibt. Neben den Erfahrungen sind vor allem auch die externen Kontakte der Mitarbeiterin wichtig und sollten an den Nachfolger weitergegeben werden.

Verlässt Ihre Mitarbeiterin das Unternehmen unzufrieden, achten Sie darauf, dass sie nicht schlecht über Ihr Unternehmen spricht. Klären Sie diesen Punkt am besten schon im Verabschiedungsgespräch mit Ihrer Mitarbeiterin. Sind die Fronten jedoch verhärtet, sollten Sie über eine Freistellung nachdenken.

Maßnahme 3: Gestalten Sie eine freundliche Verabschiedung

Auch wenn vielleicht nicht alles gut gelaufen ist und es Verstimmungen zwischen Ihnen und der Mitarbeiterin gegeben hat, sollten Sie Ihrer Mitarbeiterin einen freundlichen Abschied gestalten: Der letzte Eindruck bleibt häufig stark in Erinnerung. Ein Blumenstrauß, ein paar nette Worte, vielleicht auch ein kleines Andenken oder Geschenk sind angebracht. Schließlich hat diese Mitarbeiterin viel für das Unternehmen geleistet und Sie möchten mit Ihrem Unternehmen in guter Erinnerung bleiben – vielleicht kehrt die Mitarbeiterin einmal in Ihr Unternehmen zurück.

Maßnahme 4: Betreiben Sie professionelles Wissensmanagement

Es ist immer schwierig das Wissen im Unternehmen zu halten, sei es wenn Mitarbeiter kündigen, innerhalb des Unternehmens aufsteigen oder in Rente gehen. Aus diesem Grund ist professionelles Wissensmanagement so wichtig. Durch die Einführung von Mentorenprogrammen für neue Mitarbeiter und der Einsatz von „Seniors" im Unternehmen, zum Beispiel bei wichtigen Projektentscheidungen, festigen Sie ohne viel Aufwand die Netzwerke im Unternehmen. Durch die Einführung solcher Maßnahmen unterstreichen Sie zudem den Wert erfahrener Mitarbeiter, die dadurch besonders motiviert werden.

Maßnahme 5: Schaffen Sie ein angenehmes Arbeitsklima für die Leistungsträger Ihres Unternehmens

Nicht alle Mitarbeiter haben als Hauptmotivation Geld – vielen geht es um Anerkennung, Macht, Status, Idealismus oder Befriedigung ihrer Neugier. Finden Sie heraus, welche Motivationen Ihre Mitarbeiter haben und befriedigen Sie diese. Sorgen Sie dafür, dass sich Ihre „Stars", die Leistungsträger, in Ihrem Unternehmen wohl fühlen und weiterentwickeln können.

Fall 2: Sie müssen vielen Mitarbeitern Ihrer Abteilung kündigen

Wenn Sie als Leiter einer erfolgreichen Abteilung Ihren Mitarbeitern kündigen müssen, z. B. weil die Tätigkeiten outgesourct werden sollen, führt dies zu einer Reihe von unangenehmen und heiklen Entscheidungen: Sie müssen eine Auswahl treffen, wer gekündigt werden soll, obwohl Sie grundsätzlich mit Ihren Mitarbeitern zufrieden waren. Sie müssen die schlechte Nachricht überbringen und sollten die gekündigten Mitarbeiter bei ihrer Stellensuche unterstützen.

Maßnahme 1: Wichtige Entscheidungen sofort in Angriff nehmen

Bevor Sie Ihren Mitarbeitern die schlechte Nachricht übermitteln, müssen Sie wichtige, grundsätzliche Entscheidungen treffen: Wer soll das Unternehmen verlassen? Wer kann in andere Abteilungen versetzt werden? Darüber hinaus stehen Gespräche mit dem Betriebsrat an. Wenn Sie diese Aufgaben und Entscheidungen sofort in Angriff nehmen, verkürzt dies die unangenehme Wartezeit auf Entscheidungen enorm und gibt den Mitarbeitern die Möglichkeit, sich möglichst schnell nach neuen Stellen umzusehen. Abgesehen davon beugen Sie so einer negativen „Gerüchteküche" vor.

Maßnahme 2: Eine Auswahl unter den Mitarbeitern treffen

Falls es in Ihrem Unternehmen offene Stellen gibt, die es zu besetzten gilt, und Sie die Möglichkeit haben, einige Mitarbeiter zu halten, sollten Sie das auf jeden Fall versuchen. Dies zeigt unter anderem Ihren guten Willen und Ihr Interesse an dem Wohl Ihrer Mitarbeiter.

Es ist immer schwierig zu entscheiden, welcher Mitarbeiter gekündigt und welcher im Unternehmen bleiben soll. Für diese Entscheidungssituation stehen verschiedene Instrumente zur Verfügung: Erstellen Sie ein Anforderungsprofil, das mit der neuen Unternehmensvision und den veränderten Unternehmenszielen übereinstimmt, und wählen Sie diejenigen Mitarbeiter, die diesen Weg mit Ihrem Unternehmen gehen können (siehe auch Teil, 3, Kapitel 1 Anforderungsprofil erstellen).

Maßnahme 3: Mitarbeiter in andere Bereiche übernehmen bzw. bei der Stellensuche unterstützen

Manche Mitarbeiter lassen sich vielleicht in andere Unternehmensbereiche versetzen, aber was geschieht mit den anderen? Informieren Sie Ihre Mitarbeiter, in welchen vergleichbaren Unternehmen es ähnliche Stellenprofile gibt, und unterstützen Sie Ihre Mitarbeiter bei der Stellensuche – vielleicht ist auch eine Weitervermittlung an ein anderes Unternehmen möglich.

Wenn Sie Ihre Mitarbeiter sehr unterstützen möchten, können Sie Ihnen ein Bewerbungstraining finanzieren oder Ihnen freie Tage für Bewerbungen geben. Es gibt zudem nach außen ein gutes Bild ab, wenn Sie sich um die Mitarbeiter kümmern, die das Unternehmen verlassen müssen.

Maßnahme 3: Die schlechte Botschaft übermitteln

Achten Sie darauf, dass keine Gerüchte aufkommen, sondern alle schnell über die geplanten Kündigungen informiert werden. Dies gilt übrigens generell für die Kommunikation von negativen wie auch positiven Nachrichten. Informieren Sie den jeweiligen Leiter der Abteilung und stellen Sie gemeinsam der Abteilung Ihre Entscheidungen vor. Im Anschluss gehen Sie so bald wie möglich in Einzelgespräche, um mit den betroffenen Mitarbeitern über Ihre berufliche Zukunft im Unternehmen zu sprechen (siehe insbesondere Teil 3, Kapitel 5 und 18). Wichtig sind Ehrlichkeit, klare Aussagen und Verständnis für negative Emotionen seitens der Mitarbeiter – niemand ist glücklich, wenn trotz guter Leistungen gekündigt werden muss. Begründen Sie dem Mitarbeiter Ihre Entscheidung möglichst schlüssig und verständlich.

Fall 3: Die wirtschaftliche Lage erfordert einen harten Führungsstil

Wenn sich die wirtschaftliche Situation Ihres Unternehmens plötzlich dramatisch verschlechtert, wird sich dies möglicherweise auch auf den Führungsstil im Unternehmen auswirken. Unter dem ökonomischen Druck lässt sich der bisher praktizierte partnerschaftlichen Führungsstil vielleicht nicht mehr aufrechterhalten, stattdessen wird ein „harter" Führungsstil notwendig.

Maßnahme 1: Wählen Sie einen Führungsstil, der Ihrer Persönlichkeit entspricht

Prinzipiell gilt, dass der Führungsstil nicht oft gewechselt werden sollte. Dies führt zu Unverständnis bei den Mitarbeitern. Aus diesem Grund gilt: Behalten Sie Ihren bewährten Führungsstil bei und bleiben Sie authentisch. Führungsstile sind persönlichkeitsabhängig, durch Selbstreflektion und Gespräche mit Ihren Vorgesetzten und Mitarbeitern können Sie allerdings Ihren Führungsstil optimieren und somit auch einen Teil zur Steigerung der Unternehmenseffizienz hinzufügen (vgl. Teil 1, Führungsmodell „Segelschiff").

Maßnahme 2: Verdeutlichen Sie die schwierige Unternehmenssituation Ihren Mitarbeitern

Gerade in einer schwierigen Unternehmenssituation ist es sehr wichtig, authentisch zu bleiben. Wenn Sie in eine Rolle wechseln, in der Sie sich selbst nicht wohl fühlen, können Sie die Situation nicht verbessern und werden im Zweifel auch nicht ernst genommen. Wählen Sie für sich die beste Möglichkeit, Ihren Mitarbeitern die schwierige Unternehmenssituation zu verdeutlichen und Ihnen die Folgen der ökonomischen Krise darzulegen.

Maßnahme 3: Sorgen Sie dafür, dass Ihnen die Mitarbeiter folgen

Solange das Unternehmen erfolgreich ist, werden Ihre Mitarbeiter möglicherweise auch einen „harten" Führungsstil akzeptieren. Wenn das Unternehmen in eine Krise gerät und Sie Ihren Führungsstil in einen „harten" Führungsstil ändern, ist es wichtig, dass Ihre Mitarbeiter die Gründe für die Veränderungen verstehen, ansonsten folgen Sie im Zweifel nicht mehr. Die wenigsten Mitarbeiter folgen ihren Vorgesetzten blind. Sie haben den Wunsch, die Gründe für Ihre Handlungen zu verstehen und nachzuvollziehen. Deswegen sollten Sie die Gründe für Ihre Entscheidungen offen legen – insbesondere wenn harte Entscheidungen anstehen.

Maßnahme 4: Erklären Sie harte Entscheidungen

Wie schon gesagt, ist es notwendig, dass Ihre Mitarbeiter Ihre Entscheidungen nachvollziehen können, gerade wenn es zu „harten" Entscheidungen kommt.

Doch wie schaffen Sie es, sich auch in Zukunft die Gefolgschaft der Mitarbeiter zu sichern? Verständnis der Mitarbeiter für Ihre Handlungen ist ein wichtiges Element für die Bereitschaft, Ihren Anweisungen zu folgen. Ehrlichkeit ist ebenfalls eine Grundvoraussetzung, auch wenn die Nachrichten nicht immer gut sind. Ihre Mitarbeiter wollen wissen, woran sie sind, und sich auf Ihre Informationen verlassen können. Seien Sie ein Vorbild. Dies ist im Alltag nicht immer einfach, erleichtert aber in schwierigen Situationen Ihre Personalarbeit.

Fall 4: Die Geschäftsführung trifft eine gravierende Fehlentscheidung

Wenn Sie feststellen, dass die Geschäftsführung mit einer falschen Entscheidung dem Unternehmen zu schaden droht, sollten Sie Ihre Verantwortung wahrnehmen und das Gespräch mit der Geschäftsleitung suchen. Da die problematische Entscheidung nicht in Ihren Kompetenzbereich gehört, sollten Sie ihr Vorgehen sorgfältig abwägen.

Maßnahme 1: Prüfen Sie die Fakten

Falls Sie Mitspracherecht haben, sollten Sie das Gespräch mit Ihrem Vorgesetzten unter vier Augen suchen. Seien Sie allerdings gut vorbereitet. Denn die Geschäftsführung wird ihre Entscheidung nicht ohne Überlegungen getroffen haben. Vielleicht haben Sie Gründe übersehen, die für die Weiterentwicklung des Unternehmens wichtig sind. Hinterfragen Sie die Gründe für diese Entscheidung. Bevor Sie sich mit der Geschäftsführung unterhalten, sollten Sie alle Informationen prüfen, die zu der möglichen Fehlentscheidung geführt haben.

Vergessen Sie nicht: Es gibt immer mehrere Sichtweisen. Neben ökonomischen Gesichtspunkten können für die Entscheidung auch ökologische, politische oder persönliche Aspekte eine Rolle gespielt haben.

Maßnahme 2: Informieren Sie Ihren Vorgesetzten

Wenn Sie nach der Prüfung der Informationen und Hintergründe immer noch der Meinung sind, dass die Geschäftsführung eine gravierende Fehlentscheidung trifft, sollten Sie um ein vertrauliches Gespräch mit Vertretern der Geschäftsleitung bitten und Ihre Ideen zu der Problematik darlegen.

Auch für dieses Gespräch gilt: Seien Sie gut vorbereitet und begründen Sie Ihre Ansicht sorgfältig. Dabei ist es wichtig, dass Sie Handlungsalternativen aufzeigen, diese detailliert begründen und auch deutlich machen, aus welcher Perspektive Sie bewerten. Stellen Sie Ihre Ideen am besten aus unterschiedlichen Perspektiven mit ihren jeweiligen Folgen dar.

Ziehen Sie nicht die Kompetenz der Geschäftsführung in Zweifel. Dringen Sie nicht in fremde Kompetenzbereiche ein, schließlich wollen Sie das auch nicht von Ihren Mitarbeitern.

Maßnahme 3: Wo ist das Ende?

Erwarten Sie keinen Dank und keine Richtungsänderung der Geschäftsführung. Sie können nur einen neutralen Hinweis geben, mehr ist im Zweifel nicht für Sie drin. Sie sind nicht in der Position, diese Entscheidung zu treffen und müssen im Zweifel mit den Folgen leben. Es ist aber auch möglich, dass die Geschäftsleitung dankbar für Ihre Warnung ist und ihre Entscheidung revidiert. Wie es auch kommen mag, kommunizieren Sie Ihre Idee, Ihren Unmut oder Ihren Erfolg nicht im ganzen Unternehmen, sondern bleiben Sie gegenüber Ihrer Führungskraft loyal.

Fall 5: Sie sind selber Teil eines Konfliktes

Die Techniken eines Konfliktmoderators, wie sie in Teil 3, Kapitel 16 beschrieben werden, eignen sich in der Regel auch, wenn Sie selbst an dem Konflikt beteiligt sind. Im Unterschied zur neutralen Rolle eines Konfliktmoderators ist es in diesem Fall aber weitaus schwieriger, eine sachliche Distanz zu wahren und seine Emotionen unter Kontrolle zu halten.

Maßnahme 1: Analysieren Sie den Konflikt

Es ist immer schwierig, als Part eines Konfliktes diesen rational oder objektiv zu betrachten. Sie sollten es trotzdem versuchen! Emotionen bringen Sie hier nicht weiter. Versuchen Sie den Anfangspunkt des Konfliktes festzuhalten und den Verlauf darzustellen. Notieren Sie sich alle Handlungen, die Sie möglicherweise falsch gemacht haben, ebenso wie die – Ihrer Meinung nach – fehlerhaften Handlungen Ihres Konfliktpartners. Versuchen Sie für sich, eine Lösung zu finden. Bereiten Sie auch Teillösungen vor, mit denen Sie auch noch zufrieden wären.

Maßnahme 2: Suchen Sie das Gespräch mit Ihrem Konfliktpartner

Wenn der Konflikt nicht komplett verhärtet ist und Sie einen Mediator hinzuziehen müssen, vereinbaren Sie einen Termin mit Ihrem Konfliktpartner. Bitten Sie um ein Vier-Augen-Gespräch und zeigen Sie Ihre Bereitschaft, den Konflikt zu bereinigen. So kann sich Ihr Konfliktpartner ebenfalls auf das Gespräch einstellen.

Maßnahme 3: Austausch der Positionen und Lösungsfindung

Lassen Sie sich von Ihrem Konfliktpartner erklären, wo für ihn der Konflikt begann und worüber er sich besonders geärgert hat. Versuchen Sie, sich in seine Position hineinzudenken und seine Reaktionen nachzuvollziehen. Danach erklären Sie ihm Ihre Position und die Punkte, die für Sie geklärt werden müssen. Versuchen Sie anschließend, eine Beschreibung des Konflikts zu finden, der sie beide zustimmen können. Stellen Sie nun Ihre Lösungsansätze vor und erarbeiten Sie im Anschluss eine Einigung oder einen Kompromiss, den sie unbedingt schriftlich festhalten sollten. Gegebenenfalls ist es sinnvoll, wenn beide Konfliktparteien das Ergebnis des Konfliktgesprächs und die Vereinbarungen auch unterschreiben.

Maßnahme 4: Wenn Sie keinen Kompromiss eingehen können

Für den Fall, dass Sie keinen gemeinsamen Kompromiss finden können, überlegen Sie, unter welchen Bedingungen Sie trotzdem gemeinsam weiterarbeiten können. Wenn Ihr Arbeitsprozess durch den Konflikt erheblich und dauerhaft gestört ist, machen Sie sich noch einmal Gedanken über den Konflikt und überprüfen Sie beide, welche Gründe einem Kompromiss im Wege stehen.

Falls Ihre Arbeit dadurch blockiert wird oder sich die Qualität Ihrer Arbeit durch den Konflikt verschlechtert, sollten Sie einen Mediator, also einen professionellen Konfliktmoderator, hinzuziehen.

Maßnahme 5: Falls der Konfliktpartner einer Ihrer Mitarbeiter ist

Wenn der Konfliktpartner aus Ihrem Mitarbeiterkreis kommt, können Sie versuchen, mithilfe eines Mediators eine gemeinsame Lösung zu finden. Vergessen Sie jedoch nicht: Sie sind die Führungskraft. Als Führungskraft müssen Sie im Zweifel Ihre Interessen durchsetzen, solange diese rational begründet sind und aus Sicht des Unternehmens auch geboten sind. Dies ist gleichzeitig auch ein Zeichen für Ihre anderen Mitarbeiter. Wichtig ist dabei vor allem, dass Ihre Lösungen und Ansätze auch für andere nachvollziehbar sind und Sie nicht in den Ruf kommen, willkürlich und ohne Grund zu handeln.

Fall 6: Ein Mitarbeiter fällt krankheitsbedingt für längere Zeit aus

Ein Mitarbeiter erkrankt schwer und fällt für längere Zeit aus. In dieser schwierigen Situation müssen Sie vor allem klären, wie Sie den persönlichen Umgang mit Ihrem Mitarbeiter gestalten wollen.

Maßnahme 1: Was Sie auf jeden Fall tun sollten

Es ist wichtig, dass Sie sich menschlich und loyal Ihrem erkrankten Mitarbeiter gegenüber verhalten. Denn Ihre Mitarbeiter werden Ihr Verhalten gegenüber dem erkrankten Kollegen genau verfolgen. Ihr jetziges Verhalten wird von Ihren Mitarbeitern auf einen eigenen möglichen Krankheitsausfall gespiegelt. Wenn Sie sich negativ über den fehlenden Kollegen äußern, kann dies zur Folge haben, dass Ihre Mitarbeiter sich sorgen, was passiert, wenn Sie selber einmal krankheitsbedingt ausfallen. Dies kann große Auswirkungen auf die Arbeitsmoral und Leistungsmotivation Ihrer Mitarbeiter haben. Machen Sie sich also bewusst, wie Sie über den erkrankten Kollegen im Unternehmen kommunizieren.

Maßnahme 2: Gestalten Sie den persönlichen Umgang mit dem Mitarbeiter

Falls Sie das Bedürfnis haben, sich in regelmäßigen Abständen bei Ihrem Mitarbeiter zu melden und sich nach seinem Befinden zu erkundigen, sollten Sie sich zuerst fragen, ob Ihr Mitarbeiter diesen Kontakt überhaupt wünscht. Dieser Schritt ist sehr persönlich und unter anderem abhängig von Ihrem bisherigen Kontakt zu dem Mitarbeiter. Menschen die mit schweren Krankheiten zu kämpfen haben, gehen sehr unterschiedlich mit diesem Erlebnis um. Seien Sie also nicht enttäuscht, wenn kein Kontakt erwünscht oder nur begrenzt erwünscht ist.

Alternativ zu einem direkten Kontakt können Sie auch in regelmäßigen Abständen per Briefe oder E-Mail Anteil nehmen, indem Sie gute Wünsche schicken und sich nach dem aktuellen Befinden erkundigen. Dieser Schritt ist etwas weniger persönlich und spiegelt doch Aufmerksamkeit wieder. Diese

Form des Kontaktes empfiehlt sich, wenn Sie mit Ihrem Mitarbeiter nicht so eng zusammengearbeitet haben.

Auch wenn der Kontakt mit Ihrem Mitarbeiter nicht sehr gut oder sogar angespannt war, sollten Sie trotzdem Ihre Anteilnahme an der persönlichen Situation Ihres Mitarbeiters zum Ausdruck bringen. Ein einmaliges Schreiben, dass Ihr aufrichtiges Bedauern ausdrückt, dürfte in diesem Fall genügen.

Maßnahme 3: Den Mitarbeiter in der Krankheitsphase begleiten

Anstatt oder zusätzlich zu einer persönlichen Anteilnahme, können Sie im Namen des Unternehmens dem Mitarbeiter für seine guten Leistungen danken. Inwieweit Ihr Unternehmen den Mitarbeiter und seine Familie unterstützen möchte, ist zum größten Teil von Ihrer Unternehmenspolitik abhängig und zudem auch nicht verpflichtend. Hier sollte eine Absprache mit dem Vorgesetzten und der Personalabteilung erfolgen.

Maßnahme 4: Wenn der Mitarbeiter aufgrund seiner Krankheit das Unternehmen verlässt

Möchten Sie die erbrachten Leistungen Ihres Mitarbeiters für das Unternehmen honorieren? Wenn ja, sollten Sie sich darüber Gedanken machen, wie diese Anerkennung aussehen könnte. Eine persönliche Möglichkeit besteht z. B. darin, den Mitarbeiter direkt zu fragen, welche Form der Honorierung er sich wünscht.

Eine geschäftsmäßigere Form der Anerkennung wäre, auf die im Unternehmen üblichen Honorierungen für langjährige Mitarbeiter (zum Firmenjubiläum oder Renteneintritt) zurückzugreifen.

Stichwortverzeichnis

So minimieren Sie rechtliche und finanzielle Risiken